民航运输类专业"十二五"规划教材

航站楼旅客服务

陈卓 主编

国防工业出版社

·北京·

内 容 简 介

本书共分 9 个学习单元，主要内容包括航站楼服务概述、航站楼票务服务、值机服务及行李托运服务、民航安检服务、进出港旅客服务、民航高端旅客服务、航站楼通用服务、不正常运输服务和特色航站楼一览。本书结合行业内的岗位实际操作规范与新的行业变化，对航站楼旅客服务的实践环节做了全面介绍，注重实务，示例丰富，便于操作，易于掌握。

本书适合作为职业院校空中乘务、航空服务、地勤、安检、民航运输等专业的教材，也适用于对民航服务感兴趣的读者，还可供行业内人士参考。

图书在版编目(CIP)数据

航站楼旅客服务/陈卓主编.—北京:国防工业出版社,2022.1 重印
民航运输类专业"十二五"规划教材
ISBN 978-7-118-09173-1

Ⅰ.①航… Ⅱ.①陈… Ⅲ.①民用航空-航站楼-旅客运输-商业服务-高等学校-教材 Ⅳ.①F560.9

中国版本图书馆 CIP 数据核字(2013)第 274355 号

※

国防工业出版社出版发行
(北京市海淀区紫竹院南路 23 号 邮政编码 100048)
三河市天利华印刷装订有限公司印刷
新华书店经售

*

开本 787×1092 1/16 印张 12¼ 字数 276 千字
2022 年 1 月第 1 版第 3 次印刷 印数 7001—9000 册 定价 32.00 元

(本书如有印装错误，我社负责调换)

国防书店:(010)88540777　　　书店传真:(010)88540776
发行业务:(010)88540717　　　发行传真:(010)88540762

《航站楼旅客服务》
编委会

主　编　陈　卓

副主编　吕　磊　吴啸骅　宋　颖

参　编　杨　敏　陈珂馨

前　言

　　实践是认识发展的动力,认识随实践的发展而发展,只有深化规律性认识,厘清发展思路,明确发展目标,凝聚发展共识,行动才能更加有力、更加自觉。"十四五"时期,民航"一二三三四"总体工作思路确定为:践行一个理念、推动两翼齐飞、坚守三条底线、构建完善三个体系、开拓四个新局面。其中,"践行一个理念"就是践行"发展为了人民"的理念;"推动两翼齐飞"就是推动公共运输航空和通用航空两翼齐飞;"坚守三条底线"是坚守飞行安全底线、坚守廉政安全底线、坚守真情服务底线。"一个理念、两翼齐飞、三条底线"是我国民航发展的基本原则,必须始终牢牢坚持,不能动摇。"构建完善三个体系"是"打造三张网络"的升级版,指构建完善功能健全的现代化国家机场体系,构建完善系统布局效率运行的航空运输网络体系,构建完善安全高效的生产运行保障体系。"开拓四个新局面":一是民航产业协同发展有新格局,二是智慧民航建设有新突破,三是资源保障能力有新提升,四是行业治理体系和治理能力有新成效。

　　知者行之始,行者知之成。"十四五"民航总体工作思路为中国民航未来五年发展指明了正确方向。开启多领域民航强国建设新征程,必须把思想和行动统一到"十四五"民航总体工作思路上来,将其贯彻到"十四五"发展的全过程,不断开创发展新局面,奏响民航强国建设新的壮美乐章。

　　面向未来科技革命和产业变革,实现新时代民航强国梦,需要一流民航人才。本书以培养民航服务岗位的高质量技术应用型专业人才为目标,对接行业标准、企业标准、1＋X职业技能等级标准,针对民航票务、值机、安检、进出港服务、高端旅客服务、通用服务等岗位要求,以项目驱动、任务导入,突出上述重要岗位的实际操作规范,工作任务解析贯穿所有技能知识点,实现课证融通、赛教融合,具有很强的实用性和指导性。

　　本书学习单元一、学习单元三由呙磊编写,学习单元二由宋颖编写,学习单元四、学习单元六、学习单元九由陈卓编写,学习单元五由陈卓、宋颖共同编写,学习单元七由吴啸骅编写,学习单元八由陈珂馨、杨敏共同编写,全书由陈卓统稿。

　　本书在编写过程中,参考了李永、黄建伟等专家相关文献。本书的编写得到了长沙航空职业技术学院、长沙商贸旅游职业技术学院、湖南涉外经济学院、长沙南方职业学院、湖南都市职业学院老师的大力支持与配合,在此表示衷心的感谢!

　　由于编者水平有限,教材中难免存在不足和不完备之处,恳请专家和读者批评指正。

陈　卓

目 录

学习单元一 航站楼服务概述 ... 1
第一节 民航机场概述 ... 1
一、民航机场的定义及分类 ... 2
二、民航机场功能区域介绍 ... 3
三、机场三字代码 ... 6
第二节 航站楼构型及旅客服务综述 ... 6
一、航站楼构型 ... 7
二、航站楼旅客服务综述 ... 12

学习单元二 航站楼票务服务 ... 15
第一节 国内客票销售简介 ... 15
一、电子客票 ... 16
二、国内客票的填开格式 ... 17
三、购票证件 ... 22
四、客票的有效期 ... 23
五、候补购票 ... 24
六、座位再证实 ... 24
七、客票变更 ... 25
八、团体旅客购票 ... 25
九、退票 ... 26
第二节 国际客票销售简介 ... 27
一、国际组织 ... 28
二、国际运价 ... 30
三、国际客票填开 ... 33
四、国际客票变更 ... 36
第三节 航班查询与订座操作实务 ... 37
一、航班信息查询 AV ... 37
二、订座的完整过程及 RTC ... 39

学习单元三 值机服务及行李托运服务 ... 44
第一节 值机服务 ... 44
一、值机种类 ... 44

二、值机服务柜台的种类……………………………………………… 47
　　三、值机流程导入…………………………………………………… 47
  第二节　行李托运知识…………………………………………………… 55
　　一、行李的分类……………………………………………………… 55
　　二、对托运行李的要求……………………………………………… 56
　　三、托运物品限制性规定…………………………………………… 57
　　四、特殊行李的运输………………………………………………… 59
  第三节　New APP 离港控制系统操作实务……………………………… 61
　　一、New APP 系统模块……………………………………………… 62
　　二、New APP 系统操作简介………………………………………… 63

学习单元四　民航安检服务……………………………………………………… 77
  第一节　民航安全技术检查基本知识…………………………………… 77
　　一、安检的定义、目的及任务……………………………………… 77
　　二、民航安检的相关法规…………………………………………… 77
　　三、安检部门及其人员……………………………………………… 79
  第二节　机场运行保安服务……………………………………………… 80
　　一、机场运行条件…………………………………………………… 80
　　二、机场控制区的划分……………………………………………… 80
　　三、机场控制区的保安控制………………………………………… 81
　　四、候机隔离区的保安控制………………………………………… 83
　　五、航空器在地面的保安控制……………………………………… 83
　　六、导航设施和其他要害部位的保安控制………………………… 84
　　七、机场非控制区的保安控制……………………………………… 84
  第三节　安全技术检查操作实务………………………………………… 84
　　一、安检流程………………………………………………………… 85
　　二、安检各工作岗位职责…………………………………………… 87
  第四节　机场联检业务…………………………………………………… 96
　　一、海关……………………………………………………………… 96
　　二、边防……………………………………………………………… 96
　　三、检验检疫………………………………………………………… 98

学习单元五　进出港旅客服务…………………………………………………… 100
  第一节　出港旅客登机服务……………………………………………… 100
　　一、引导员的岗位职责……………………………………………… 100
　　二、引导旅客登机的服务要求……………………………………… 101
　　三、出港航班的流程………………………………………………… 101
  第二节　到港旅客服务…………………………………………………… 106
　　一、到港旅客服务要求……………………………………………… 106

二、廊桥机位旅客引导 …………………………………………………… 106
　　三、远机位旅客引导 …………………………………………………… 107
第三节　过站、中转旅客服务 ………………………………………………… 108
　　一、国内过站航班服务工作程序 ……………………………………… 109
　　二、中转联程航班服务 ………………………………………………… 110
第四节　特殊旅客运输服务 …………………………………………………… 110
　　一、重要旅客 …………………………………………………………… 111
　　二、无人陪伴儿童 ……………………………………………………… 112
　　三、婴儿 ………………………………………………………………… 113
　　四、孕妇 ………………………………………………………………… 113
　　五、病残旅客 …………………………………………………………… 113
　　六、其他特殊旅客 ……………………………………………………… 115

学习单元六　民航高端旅客服务 ………………………………………………… 117
第一节　高端旅客概述 ………………………………………………………… 119
　　一、高端旅客的范畴 …………………………………………………… 119
　　二、高端旅客的需求特征 ……………………………………………… 120
　　三、高端旅客服务要求 ………………………………………………… 120
　　四、机场地面服务场地设施标准 ……………………………………… 121
第二节　各岗位工作职责 ……………………………………………………… 123
　　一、贵宾柜台服务员职责（A岗） …………………………………… 123
　　二、值机柜台服务员职责（B岗） …………………………………… 123
　　三、前台服务员职责（分C、D、E岗） ……………………………… 123
第三节　高端旅客服务操作实务 ……………………………………………… 124
　　一、航前服务操作 ……………………………………………………… 124
　　二、值机服务操作 ……………………………………………………… 126
　　三、休息室服务操作 …………………………………………………… 128
　　四、登/离机服务操作 ………………………………………………… 130
　　五、中转/过境服务操作 ……………………………………………… 131
　　六、行李收运服务操作 ………………………………………………… 131

学习单元七　航站楼通用服务 …………………………………………………… 139
第一节　航站楼广播及问讯服务 ……………………………………………… 139
　　一、广播用语的一般规定 ……………………………………………… 139
　　二、广播用语的分类 …………………………………………………… 140
　　三、航班信息类广播用语的格式规范 ………………………………… 140
　　四、问讯服务的岗位要求 ……………………………………………… 143
　　五、旅客常见问题 ……………………………………………………… 144
第二节　航站楼交通服务 ……………………………………………………… 147

一、旅客航站区交通问题 ················· 147
　　二、机场旅客航站区交通方式 ············· 148
第三节　航站楼医疗急救服务 ················· 151
　　一、应急救护预案 ······················· 151
　　二、医疗救护设备 ······················· 151
第四节　航站楼商业零售服务 ················· 152
　　一、航站楼商业的定位 ··················· 153
　　二、国外航站楼零售业发展特点 ··········· 154
　　三、航站楼商业零售服务的分类 ··········· 154

学习单元八　不正常运输服务 ················· 155
第一节　旅客运输不正常服务 ················· 155
　　一、误机 ······························· 155
　　二、漏乘 ······························· 156
　　三、错乘 ······························· 156
　　四、偷乘 ······························· 156
　　五、终止飞行 ··························· 156
　　六、登机牌遗失 ························· 156
　　七、无票乘机 ··························· 156
　　八、航班超售 ··························· 156
　　九、证件缺失、无效 ····················· 157
　　十、不正常订座 ························· 157
　　十一、退票 ····························· 158
第二节　航班不正常服务 ····················· 159
　　一、航班延误、取消 ····················· 159
　　二、航班中断 ··························· 161
　　三、补班 ······························· 162
　　四、航班返航 ··························· 162
第三节　不正常行李运输服务 ················· 163
　　一、少收行李 ··························· 163
　　二、多收行李 ··························· 163
　　三、破损、内物短少、污染行李 ··········· 163
　　四、托运行李内物被盗或丢失 ············· 164
　　五、行李赔偿 ··························· 164
第四节　突发事件/旅客意外伤害事件处置 ······· 165
　　一、航站楼突发事件分类 ················· 165
　　二、航站楼突发事件处理方法 ············· 166
　　三、旅客意外伤害事件的种类及处理方法 ··· 167

学习单元九　特色航站楼一览 ... 169

一、北京首都国际机场 T3 航站楼——中国第一国门 ... 169
二、广州白云国际机场航站楼——中枢机场 ... 170
三、上海浦东国际机场 T2 航站楼——以人为本 ... 171
四、上海虹桥国际机场 T2 航站楼——绿色机场，节能大户 ... 172
五、成都双流机场 T2 航站楼——西南枢纽，温馨港湾 ... 173
六、深圳宝安机场 T3 航站楼——机场界的"苹果" ... 174
七、厦门高崎机场 T4 航站楼——最畅快的"海西之窗" ... 174
八、杭州萧山机场 T3 航站楼——破茧成蝶 ... 175
九、昆明长水国际机场 T1 航站楼——七彩云南，西部门户 ... 176

附录 A　最新国内机场三字代码（截止 2021 年 6 月） ... 178

附录 B　南航 SKYTRAX 四星地面服务标准 ... 181

参考文献 ... 186

学习单元一　航站楼服务概述

学习内容

改革开放以来,我国航空运输业的发展速度远远高于世界平均水平。机队规模的扩大和客货运输周转量的不断增加,要求航站楼服务的能力相应增强。本章主要介绍的是机场的定义及分类、民航机场的功能区域及旅客服务流程。

学习目标

(1) 了解民航机场的定义及分类。
(2) 了解民航机场功能区域。
(3) 了解国内机场三字代码。
(4) 熟悉航站楼旅客服务流程。

第一节　民航机场概述

资料链接

北京首都国际机场3号航站楼,建筑面积为90多万平方米,新增机位99个;新建一条长3800米、宽60米的跑道,世界上最大的飞机空中客车(空客)A380也能够顺利起降。这座宏伟建筑的设计方案出自英国建筑大师诺曼·福斯特之手,从空中俯视犹如一条巨龙昂首卧于首都北京的东北方向,形成了充满整体动感的建筑体量。这种完整的建筑格局无论是在室内还是在室外,都将形成令人震撼的出行体验。

首都机场的整个3号航站楼工程可以看成为"龙吐碧珠"、"龙身"、"龙脊"、"龙鳞"、"龙须"五部分。

"龙吐碧珠"指的是旅客进出的"集散地",即交通中心(GTC),俗称停车楼。扩建的停车楼面积为34万平方米,拥有7000个停车位。

"龙身"是扩建工程的主体。作为"龙身"的3号航站楼建筑面积为42.8万平方米,南北向长2900米,宽790米,建筑高度45米,由T3C主楼、T3D国际候机指廊、T3E国际候机指廊组成。两个对称的人字形航站楼T3C(国内区)和T3E(国际区)在南北方向遥相呼应,中间由红色钢结构的T3D航站楼相连接。

"龙脊"指的是主楼双曲弯拱形屋顶,这也是整个T3工程中最为壮观的地方。这里的钢网架由红、橙、橘红、黄色等12种色彩起伏渐变而成,如同彩色云霞托起腾飞的巨龙。

"龙鳞"是屋顶上正三角形的天窗。从远处看,犹如巨龙身上的鳞片。它们还是可以自然采光的"龙鳞"天窗,这也是国内机场首次运用这样的技术。航站楼天花板上有155个这样的采光天窗,能让阳光洒向大厅的每个角落。

"龙须"意味着四通八达的交通网。设计师巧妙利用了扩建工程中同步配套投资建设的进场交通工程,把它们拟态成了"龙须",包括三条高速公路、一条轻轨和一条地方路改造。

3号航站楼不仅建筑外形在时尚元素中融入了中国古典意象,内部景观更是彰显文明古国源远流长的历史和人民几千年的智慧结晶。

旅客步入T3值机大厅,迎面即是"紫微辰恒"雕塑,它的原型是我国古代伟大科学家张衡享誉世界的发明"浑天仪",精巧逼真;国内进出港大厅摆放了四口大缸,名为"门海吉祥",形似紫禁城太和殿两侧的铜缸;二层中轴线上,摆放了形似九龙壁的汉白玉制品——"九龙献瑞",东、西两侧是"曲苑风荷"和"高山流水"两个别致的休息区;T3E的园林建筑是三号航站楼景观的另一大亮点:免税购物区以"御泉垂虹"喷泉景观为核心,东、西两侧是"御园谐趣"、"吴门烟雨"皇家园林;国际进出港区还设有两个巨幅屏风壁画——"清明上河图"和"长城万里图"。旅客置身航站楼,犹如畅游一座满是稀世珍宝的艺术博物馆,相信过往旅客都会收获一份身心的愉悦与享受。专家们评价,3号航站楼的文化景观继承和丰富了中国传统艺术文化,集观赏性与功能性于一身,颂扬了中华文明的同时,又有旅客对T3的坐标定位功能。

(来源:中国民用航空网)

机场,亦称飞机场、空港,较正式的名称是航空站,为专供飞机起降活动之飞行场。除了跑道之外,机场通常还设有塔台、停机坪、航空客运站、维修厂等设施,并提供机场管制服务、空中交通管制等其他服务。

一、民航机场的定义及分类

(一) 民航机场的定义

机场是用于飞机起飞、着陆、停放、维护和组织安全飞行的场所。

(二) 民航机场的分类

1. 按照航线业务划分

按照航线业务划分,民用机场可分为国际机场、国内机场和地区机场。

(1) 国际机场。供国际航线定期航班飞行使用,有出入境和过境设施,并设有固定的联检机构(海关、边防检查、卫生检疫、动植物检疫、商品检验等)的机场。

(2) 国内机场。供飞国内航线的飞机使用的机场。

(3) 地区机场。香港、澳门地区的机场。

2. 按机场在民航运输系统中所起的作用划分

按机场在民航运输系统中所起的作用划分,民用机场可分为枢纽机场、干线机场和支线机场。

(1) 枢纽机场。国际、国内航线密集的机场。旅客在此可以很方便地中转到其他机场。枢纽机场又分为门户机场、大型枢纽机场、中型枢纽机场和小型枢纽机场。

(2) 干线机场。以国内航线为主,航线连接枢纽机场、直辖市和各省会或自治区首府,客运量较为集中,年旅客吞吐量不低于10万人次的机场。

(3) 支线机场。省、自治区内经济比较发达的中小城市和旅游城市,或经济欠发达但地面交通不便的城市地方机场。客运量较少,年旅客吞吐量一般低于10万人次。这些机场的航线多为本省区航线或近省区支线。

3. 按机场所在城市的地位、性质划分

按机场所在城市的地位、性质划分,民用机场可分为Ⅰ、Ⅱ、Ⅲ、Ⅳ四类。

(1) Ⅰ类机场。全国政治、经济、文化中心城市的机场,是全国航空运输网络和国际航线的枢纽,运输业务量特别大,除承担直达客货运输外,还具有中转功能。

(2) Ⅱ类机场。也可以称为国内干线机场。省会、自治区首府、直辖市和重要经济特区、开放城市和旅游城市或经济发达、人口密集城市的机场,可以全方位建立跨省、跨地区的国内航线,是区域或省区内航空运输的枢纽,有的可开辟少量国际航线。

(3) Ⅲ类机场。也可以称为次干线机场。国内经济比较发达的中小城市,或一般的对外开放和旅游城市的机场,能与有关省区中心城市建立航线。

(4) Ⅳ类机场。即支线机场及直升机机场。

4. 按旅客乘机目的划分

按旅客乘机目的划分,民用机场可分为始发/目的地机场、经停(过境)机场、中转(转机)机场。

(1) 始发/目的地机场。始发和目的地旅客占旅客总数比例较高。目前国内机场大多属于这类机场。

(2) 经停机场。位于航线的经停点上,没有或很少有始发航班飞机,这里的经停,一般为技术经停,如给飞机加油等。飞机一般停驻时间较短。

(3) 中转(转机)机场。有相当大比例的旅客乘飞机到达后,立即转乘其他航线的航班飞机飞往目的地。

除以上四种类别的划分标准外,从安全飞行角度还应考虑为预定着陆机场安排备降机场。备降机场是指在飞行计划中事先规定的,当预定着陆机场不宜着陆时,飞机可前往着陆的机场。

二、民航机场功能区域介绍

机场作为商业运输的基地可以划分为飞行区、候机楼和地面运输区三大部分(图1-1)。

(一) 飞行区

飞行区供飞机起飞、着陆和滑行用,它分为空中部分和地面部分。空中部分指机场空域,包括飞机进场和离场的航路;地面部分包括跑道、滑行道、停机坪和登机门以及为飞机维修和空中交通管制服务的设施及场地。

1. 跑道

跑道直接供飞机起飞滑跑和着陆滑跑用。运输机在起飞时,必须先在跑道上进行起飞滑跑,边滑跑边加速,一直加速到机翼上的升力大于飞机的重量,运输机才能逐渐离开地面。运输机着陆时速度很大,必须在跑道上边滑跑边减速才能逐渐停下来。所以,运输机对跑道的依赖性很大,如果没有跑道,地面上的运输机就上不了天,天上的运输机也到不了地面。因此,跑道是机场上最重要的建筑物。

我国民航运输机场的跑道通常用水泥混凝土筑成,少数用沥青混凝土筑成。

民航运输机场通常只设一条跑道,有的运输量大的机场设两条甚至更多的跑道。跑道按其作用可分为主要跑道、辅助跑道、起飞跑道等三种。

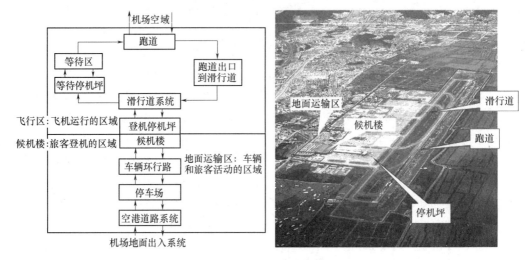

图 1-1 机场功能区域

主要跑道是指在条件许可时比其他跑道优先使用的跑道,按使用该机场最大机型的要求修建,长度较长,承载力也较高。

辅助跑道也称次要跑道,是指因受侧风影响,飞机不能在主跑道上起飞着陆时,供辅助起降用的跑道。由于飞机在辅助跑道上起降都有逆风影响,所以其长度比主跑道短些。

起飞跑道是指只供起飞用的跑道。

跑道根据其配置的无线电导航设施情况可分为非仪表跑道及仪表跑道两种。

（1）非仪表跑道是指只能供飞机用目视进近程序飞行的跑道。

（2）仪表跑道是指可供飞机用仪表进近程序飞行的跑道,又分为:

① 非精密进近跑道。是装有目视助航设备和一种至少足以提供直线进入的方向性引导的非目视助航设备的仪表跑道。

② 精密进近跑道:

a. Ⅰ类精密进近跑道。是装有仪表着陆系统和/或微波着陆系统以及目视助航设备,供决断高度不低于60米和能见度不小于800米或跑道视程不小于550米时飞行的仪表跑道。

b. Ⅱ类精密进近跑道。是装有仪表着陆系统和/或微波着陆系统以及目视助航设备,供决断高度低于60米但不低于30米和跑道视程不小于350米时飞行的仪表跑道。

c. Ⅲ类精密进近跑道。是装有仪表着陆系统和/或微波着陆系统能把飞机引导至跑道上着陆和滑行的仪表跑道,进一步分为三种:

ⅢA。用于决断高度小于30米或不规定决断高度和跑道视程不小于200米时运行。

ⅢB。用于决断高度小于15米或不规定决断高度和跑道视程小于200米但不小于50米时运行。

ⅢC。用于不规定决断高度和跑道视程限制时运行。

2. 滑行道

滑行道的作用是连接飞行区各个部分的飞机运行通路,它从机坪开始连接跑道两端。在交通繁忙的跑道中段设有一个或几个跑道出口与滑行道相连,以便落地的飞机迅速离开跑道。滑行道主要有下列五种：

（1）进口滑行道。设在跑道端部，供飞机进入跑道起飞用。设在双向起飞着陆用的跑道端的进口滑行道，亦作为出口滑行道。

（2）旁通滑行道。设在跑道端附近，供起飞的飞机临时决定不起飞时，从进口滑行道迅速滑回用。也供跑道端进口滑行道堵塞时飞机进入跑道起飞用。

（3）出口滑行道。供着陆飞机脱离跑道用。交通量较大的机场，除了设在跑道两端的出口滑行道外，还应在跑道中部设置。设在跑道中部有直角出口滑行道和锐角出口滑行道两种。锐角出口滑行道亦称为快速出口滑行道。

（4）平行滑行道。供飞机通往跑道两端用。在交通量很大的机场，通常设置两条平行滑行道，分别供飞机来往单向滑行使用，这两条平行滑行道合称为双平行滑行道。

（5）联络滑行道。交通量小的机场，通常只设一条从站坪直通跑道的短滑行道，这条滑行道称为联络滑行道。交通量大的机场，双平行滑行道之间设置垂直连接的短滑行道，也称为联络滑行道，供飞机从一条平行滑行道通往另一条平行滑行道用。

3．机坪

飞行区的机坪主要有等待坪和掉头坪两种。等待坪供飞机等待起飞或让路而临时停放用，通常设在跑道端附近的平行滑行道旁边。掉头坪供飞机掉头用，当飞行区不设平行滑行道时应在跑道端设掉头坪。

4．净空区

净空区是指飞机起飞着陆涉及的范围，为了确保飞行安全，对这范围内的地形地物高度必须严格限制，不许有危及飞行安全的障碍物。

5．地面灯光系统

地面灯光系统主要用于飞机在夜间飞行时的助航。

6．机场导航设施

机场导航设施也称为终端导航设施，其作用是引导到达机场附近的每架飞机安全、准确地进近和着陆。

（二）候机楼区

候机楼区包括候机楼建筑本身以及候机楼外的登机机坪和旅客出入车道，它是地面交通与空中交通的结合部，是机场对旅客服务的中心地区。

1．候机楼

候机楼供旅客完成从地面到空中或从空中到地面转换交通方式用，是机场的主要建筑物，通常由下列五项设施组成：

（1）连接地面交通的设施。有上、下汽车的车道边（航站楼前供车辆减速滑入、短暂停靠、启动滑出和驶离车道的地段及适当的路缘）及公共汽车站等。

（2）办理各种手续的设施。有旅客办票、安排座位、托运行李的柜台以及安全检查和行李提取等设施。通航国际航线的航站楼还有海关、动植物检疫、卫生检疫、边防（移民）检查的柜台。

（3）连接飞行的设施。有靠近飞机机位的候机室或其他场所，视旅客登机方式而异的各种运送、登机设施，中转旅客办理手续、候机及活动场所等。

（4）航空公司营运和机场管理部门必要的办公室、设备等。

(5) 服务设施。有餐厅、商店等。

2. 登机机坪

登机机坪是指旅客从候机楼上机时飞机停放的机坪,该机坪要求能使旅客尽量减少步行上机的距离。

(三) 机场地面运输区

机场地面运输区包括机场进入通道、机场停车场和内部通道。

1. 机场进入通道

机场是城市的交通中心之一,而且有严格的时间要求,因此从城市进出机场的通道是城市规划的一个重要部分,大型城市为了保证机场交通的顺畅都修建了市区到机场的专用公路、高速公路或城市铁路。为了解决旅客来往于机场和市区的问题,机场要建立足够的交通系统,有的机场开通了到市区的地铁或高架铁路,大部分机场都有足够的公交汽车路线来方便旅客出行。在考虑航空货运时,要把机场到火车站和港口的路线同时考虑在内。

2. 机场停车场和内部道路

机场停车场除考虑乘机的旅客外,还要考虑接送旅客的车辆、机场工作人员的车辆及观光者的车辆和出租车的需求,因此机场的停车场必须有足够大的面积,并且把停车场分成不同的区域,离候机楼最近的是出租车辆和接送旅客车辆的停车区,以减少旅客的步行距离。机场职工或航空公司车辆则安排在较远位置或安排专用停车场。

要很好地安排和管理候机楼外的道路区,这里各种车辆和行人混行,而且要装卸行李,容易出现混乱和事故。机场内道路的另外一个主要部分是安排货运的通路,使货物能通畅地进出货运中心。

三、机场三字代码

机场三字代码简称"三字代码",由国际航空运输协会(International Air Transport Association,IATA)制定。国际航空运输协会为世界上的国家、城市、机场、加入国际航空运输协会的航空公司制定了统一的编码。在空运中,以三个英文字母简写航空机场名,称"机场三字代码"或"三字代码"(见附录A)。

第二节 航站楼构型及旅客服务综述

资料链接

我国机场航站楼的大规模建设始于20世纪80年代初,首都机场1号航站楼便是这时期的代表性作品。随后在"八五"期间的机场建设高潮中,国外设计机构开始涌入国内的航站楼设计市场,这以法国巴黎机场公司设计的三亚凤凰机场航站楼为发端,该设计方案所采用的透明登机廊桥、鱼腹形钢屋架结构和素混凝土墙面等设计理念和技法都对当时的国内航站楼建筑设计领域带来了不小的冲击。在"八五"和"九五"期间,我国主要的民用机场都新建和扩建了机场航站楼,这期间,以加拿大B+H建筑事务所为代表的国外设计机构基本上主导了国内航站楼的设计潮流,厦门高崎机场航站楼可谓是这时期的代表之作。而时至2000年前后,随着首都机场2号航站楼及成都双流机场航站楼等一系列大型项目的先后投产,预示着我国机场航站楼规划设计理论和实践已经相对成熟。

(来源:中国民用航空网)

一、航站楼构型

航站楼是航站区的主体建筑,是一个地区或国家的窗口。它的一侧连着机坪,用以接纳飞机;另一侧又与地面交通系统相联系。旅客在航站楼实现交通方式转换,开始或结束航空旅行,办理各种手续,接受有关检查,然后登机或转入地面交通。航站楼通过各种服务与设施,不断地集散着旅客及其迎送者。

1. 航站楼水平布局

航站楼的水平布局是否合理,对航站楼运营有至关重要的影响。航站楼水平布局主要根据旅客流量、飞机起降架次、航班类型、机场地面交通等确定。为合理选择平面布局方案,应处理好以下三个问题。

1)集中与分散

集中,是指一个机场的全部旅客和行李都集中在一个航站楼内处理。目前,我国大多数机场都采用集中航站楼(图1-2)。但是,随着客流量迅猛增长,集中航站楼的规模越来越大。例如,芝加哥奥黑尔机场航站楼的两个相距最远的门的距离竟达1.5千米。同时,航站楼陆侧的停车设施规模也往往比较庞大。这样,旅客在航站楼内外的步行距离常常很大,有时甚至到了无法容忍的程度。

国内/国际航站楼各功能区域所需面积如表1-1所列。

表1-1 国内/国际航站楼各功能区域所需面积

国内航站楼设施	所需面积 (米²/高峰小时旅客)	国际航站楼设施	所需外加面积 (米²/高峰小时旅客)
办票大厅	1.0	健康	1.5
航空公司经营办公室	4.8	移民	1.0
行李领取	1.0	海关	3.3
候机室	1.8	农业	0.2
饮食设施	1.6	来宾候机室	1.5
厨房和储藏室	1.6	流通,行李	
其他特许经营	0.5	公用设施,墙	7.5
厕所	0.3	总计	15.0
流通、机械、维护、墙	11.6		
总计	24.2		

为使旅客舒适地进行航空旅行,参照国际航空运输协会的建议,目前普遍认为应将旅客在航站楼内的步行距离控制在300米左右。这样,当客流量非常大时,如仍沿袭集中航站楼的概念就很难达到要求。于是便出现了分散航站楼或单元航站楼的水平布局概念(图1-2)。

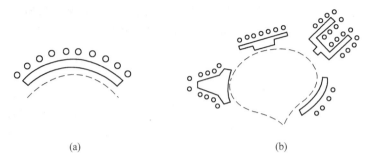

图 1-2 集中和单元航站楼概念示意图
(a) 集中式；(b) 单元式。

分散航站楼是指在一个机场设若干个（两个或两个以上）单元航站楼，每个航站楼的服务旅客类型相对单一化。例如，分设国内旅客航站楼、国际旅客航站楼、不同的航空公司使用不同的航站楼等。美国达拉斯的福特·沃尔斯机场就是一个比较典型的具有分散航站楼的机场，该机场共有 14 个单元航站楼。

形成单元航站楼格局可能有两个缘由：有的机场一开始就是设计成单元式的，如福特·沃尔斯机场，以及法国戴高乐机场、加拿大多伦多机场等。有的是随着客运量的增加，不可能或不宜再扩建原有的航站楼，又新建了航站楼，如英国希思罗机场、法国奥利机场、西班牙马德里机场等。

单元航站楼的优点，是加速了整个机场的旅客通过能力，每个航站楼及停车场等设施都能保持合理规模，旅客在航站楼内外的步行距离也能保持合理的长度等。但是，单元航站楼的突出弊端是，每个单元航站楼都要配置几乎相同的设施，规模经济效益差。如果单元航站楼之间相距较远（如福特·沃尔斯机场最远的两个单元相距竟达 4.5 千米），会给中转旅客和对机场不熟悉的旅客带来极大不便。为此，有时必须考虑能够沟通各单元的捷运交通系统，这无疑又增加了额外投资，并使航站区交通变得愈发复杂。采用单元航站楼时，航站区一般占地较大，不利于节约土地。因此，在决定采用单元航站楼概念时务求慎重。只有大型枢纽机场在客运量确实太大（一般认为年客运量大于 2000 万人次）才有必要考虑单元航站楼的水平布局设计概念。集中式航站楼的优点是显而易见的，它可以共用所有设施，投资和维护、运营费用低；便于管理；占地较少；有利于航站楼开展商业化经营活动；等等。但当旅客流量很大，航站楼规模也很大时，可能会给空侧、陆侧的交通组织和旅客、行李在航站楼内的处理带来难度，进而影响旅客的通过能力和舒适程度。因此，集中航站楼的关键是保持合理规模。

2）航站楼空侧对停靠飞机的适宜性

航站楼空侧要接纳飞机。一般情况下，停靠飞机以上下旅客、装卸行李所需占用的航站楼空侧边长度，要比按旅客、行李等的空间要求所确定的建筑物空侧边长度大，特别是飞机门位数较多时更是如此。为适应空侧机门位的排布要求，一般航站楼空侧边在水平面要作一定的延展和变形，以适宜飞机的停靠和地面活动。

3）航站楼陆侧对地面交通的适宜性

由于航站区地面交通的多样性（汽车、地铁、轻轨等），在考虑航站楼水平布局时，必须使方案便于航站楼陆侧与地面交通进行良好的衔接。当进出航站区的旅客以汽车作为主要交通工具时,航站楼设置合理的车道边(长度、宽度)对陆侧交通非常重要。

2. 航站楼水平布局种类

为妥善处理航站楼与空侧的关系,人们曾提出过许多种航站楼水平布局方案。这些方案可归纳为以下四种基本形式。

1) 线型

线型是一种最简单的水平布局形式(图1-3)。航站楼空侧边不作任何变形,仍保持直线,飞机机头向内停靠在航站楼旁,旅客通过登机桥上下飞机。楼内有公用的票务大厅和候机室(也可为每个或几个门位分设候机室,但此时要设走廊以连接各候机室)。

这类航站楼进深较浅,一般为20~40米。在机门位较少时,旅客从楼前车道边步入大厅办理各种手续后步行较短距离即可到达指定门位。客流量增大时,航站楼可向两侧扩展,这样可同时增加航站楼的空侧长度(以安排机门位)和陆侧长度(延长车道边)。但扩建后如机门位较多,必然使旅客的步行距离增加许多。在这种情况下,可以考虑将航站楼分为两个大的功能区,如国际区、国内区。目前,我国大多数机场客运量较少,因此普遍采用这种水平布局。

2) 指廊型

为了延展航站楼空侧的长度,指廊型布局(图1-4)从航站楼空侧边向外伸出若干个指形廊道,廊道两侧安排机门位。

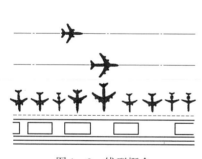

图1-3 线型概念

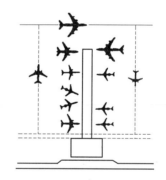

图1-4 指廊型概念

指廊型布局的优点是,进一步扩充门位时,航站楼主体可以不动,而只需扩建作为连接体的指廊。缺点是,当指廊较长时,部分旅客步行距离加大;飞机在指廊间运动时不方便;指廊扩建后,由于航站楼主体未动,陆侧车道边等不好延伸,有时给交通组织造成困难。

通常,一个指廊适合6~12个机位,两条指廊适合8~20个机位。机位超过30个时,宜采用多条指廊。

3) 卫星型

卫星型布局,是在航站楼主体空侧一定范围内布置一座或多座卫星式建筑物,这些建筑物通过地下、地面或高架廊道与航站楼主体连接。卫星建筑物上设有机门位,飞机环绕在它的周围停放(图1-5)。

卫星型布局的优点是,可通过卫星建筑的增加来延展航站楼空侧;一个卫星建筑上的多个门位与航站楼主体的距离几乎相同,便于在连接廊道中安装自动步道接送旅客,从而并未因卫星建筑距办票大厅较远而增加旅客步行距离。

最早的卫星建筑都设计成圆形,旨在使卫星建筑周围停放较多数量的飞机(图1-6)。但后来发现,圆形卫星建筑具有一定的局限性。首先,是不好扩建。扩建时,要么拆掉旧的,再建一个直径更大的圆形卫星建筑,这显然是不合理也不经济的。要么,采用在已有圆形建筑旁附设矩形卫星建筑的做法,这也实在是出于无奈。其次,在对圆形建筑旁两架相邻飞机进行地面服务时,往往非常拥挤(图1-7(a))。矩形卫星建筑旁的飞机地面服务更好安排,更有秩序。再次,未来的大翼展飞机必须停在距圆形卫星建筑较远的地方,才能满足飞机间距的要求。这样,登机桥就必须加长。远停的大飞机还会对其他飞机在机位滑行道或机坪滑行道上运行造成影响。因此,现在许多机场已采用矩形卫星建筑(图1-7(b))。

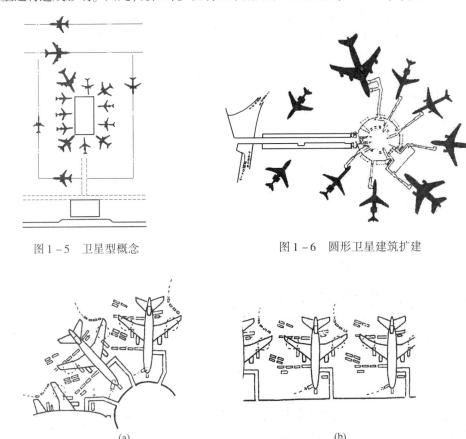

图1-5 卫星型概念　　　　图1-6 圆形卫星建筑扩建

图1-7 圆形和矩形卫星建筑旁飞机地面服务情况比较
(a) 圆形卫星建筑;(b) 矩形卫星建筑。

4) 转运车型

转运车型是指飞机不接近航站楼,而是远停在站坪上,通过接送旅客的转运车来建立航站楼与飞机之间的联系(图1-8)。有的转运车是可以升降的,这样靠近飞机后乘客即可直接登机,而无需动用舷梯车。

这种方案的特点:航站楼只要设转运车门位即可,因而可降低基建和设备(登机桥等)投资,提高航站楼利用率,增加了对不同机位、机型和航班时间的适应性,航站楼扩展方便等。但利用转运车,使旅客登机时间增加,易受气候、天气因素影响,舒适感下降。

实际上,许多机场并非单一地采用上述基本布局或方案,而是多种基本型式的组合(图1-9)。

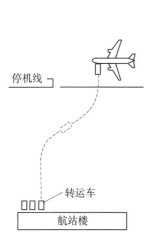

图1-8 转运车型

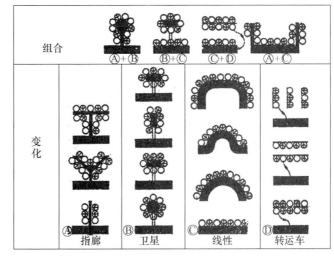

图1-9 航站概念变形及组合

3. 航站楼竖向布局

根据客运量、航站楼可用占地以及空侧、陆侧交通组织等因素,航站楼竖向布局可采用单层、一层半、二层、三层等方案。

采用单层方案(图1-10)时,进、出港旅客及行李流动均在机坪层进行。这样,旅客一般只能利用舷梯上下飞机。采用一层半方案(图1-11)时,出港旅客在一层办理手续后到二层登机,登机时可利用登机桥。进港旅客在二层下机后,赴一层提取行李,然后离开。采用二层方案(图1-12)时,旅客、行李流程分层布置。进港旅客在二层下机,然后下一层提取行李,转入地面交通。出港旅客在二层托运行李,办理手续后登机。采用三层方案(图1-13)时,旅客、行李流程基本与二层方案相同,只是将行李房布置在地下室或半地下室。

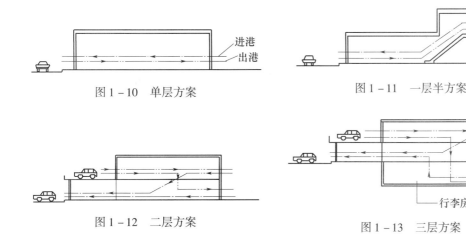

图1-10 单层方案

图1-11 一层半方案

图1-12 二层方案

图1-13 三层方案

4. 航站楼总体布局方案

航站楼总体布局,主要是指水平布局(线形、指廊型、卫星型、转运车型及其变形与组合)、竖向布局(层数、车道边层数)。显然,航站楼总体布局的确定涉及诸多因素,必须经过多方面的反复论证,才能确定出可较好满足航站楼各方面功能要求的方案。

二、航站楼旅客服务综述

航站楼的旅客都是按照到达和离港有目的的流动的。在设计航站楼时,必须很好地安排旅客流通的方向和空间,这样才能充分利用空间,使旅客顺利到达要去的地方,不致造成拥挤和混乱。

目前,通用的安排方式是把出港(离去)和入港(到达)分别安置在上、下两层,上层为出港,下层为入港,这样互不干扰又可以互相联系。由于国内旅客和国际旅客所要办理的手续不同,通常把这两部分旅客分别安排在同一航站楼的两个区域,或者分别安排在两个航站楼内。

旅客流程要考虑三部分旅客:国内旅客手续简单,占用航站楼的时间少,但流量较大,因而国内旅客候机区的候机面积较小而通道比较宽。

国际旅客要办理护照、检疫等手续,行李也较多,在航站楼内停留的时间长,同时还要在免税店购物,因而国际旅客的候机区要相应扩大候机室的面积,而通道面积要求较小。

中转旅客是等候衔接航班的旅客,一般不到航站楼外活动,所以要专门安排他们的流动路线,当国内转国际航班或国际转国内航班的旅客较多时,流动路线比较复杂,如果流量较大,空港当局就应该适当考虑安排专门的流动线路。

旅客等候区,由于延误和高峰时段及其他原因,经常会发生大量旅客积压的情况。因此,实际上各个空港航站楼在设计时必须留出较大的空间,以备高峰及延误时旅客候机或疏散时使用。

如图1-14所示,在航站楼中,不同类型旅客所经历的程序是有差异的。

由于延误和高峰时段及其他原因,经常会发生大量旅客积压的情况。因此,实际上各个空港航站楼在设计时必须留出较大的空间,以备高峰及延误时旅客候机或疏散时使用。

在上述流程中,安检是由公安部门实施的对旅客及所携行李、物品的检查,防止将武器、凶器、弹药和易燃易爆等危险品带上飞机,以确保飞机和乘客的安全。卫生检疫是对国际到达旅客及所携动、植物进行检查,以防人的传染病或有害的动、植物瘟疫和病菌等从境外带入,造成危害性传播。海关的职能是检查旅客所带物品,以确定哪些应该上税。出、入境检查由移民局或边防检查站负责执行,其主要职责是检查国际旅客出入境手续的合法性,其中最重要的内容是护照检查。

由于各国政府政策和控制力度不同,不同国家机场要求旅客经历的程序和检查的严格程度也是有差异的。例如,欧洲大多数国家机场的海关,改善以后的检查过程几乎使人感觉不到强迫性,而在有些国家,机场海关检查是非常严格的。

旅客旅行目的的不同和旅客类型的差异等因素,都会影响航站楼的流程设计和设施配置。例如,因公旅行的旅客,一般对航站楼设施程序及航班动态等了解得比较清楚,因此他们在航站楼内逗留的时间较短,而且很少有迎送者,所带行李亦较少。而因私旅行(旅游、探亲)的旅客则恰恰相反。另外,特殊旅客,如要客VIP、残疾人等,也会对航站楼流程、设施等造成影响。

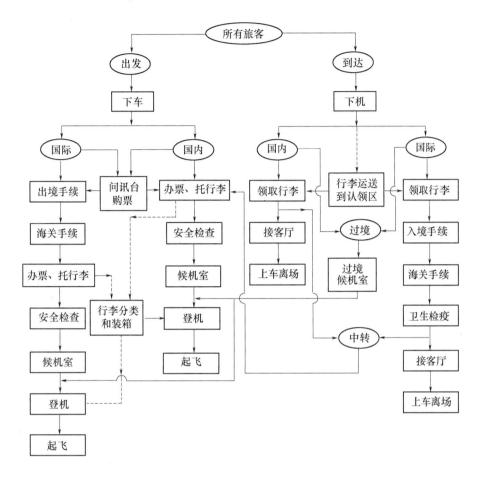

图1-14 旅客出发/到达流程

在组织航站楼内的各种流程时：①要避免不同类型流程交叉、掺混和干扰，严格将进、出港旅客分隔；出港旅客在（海关、出境、安检等）检查后与送行者及未被检查旅客分隔；到港旅客在（检疫、入境、海关等）检查前与迎接者及已被检查旅客分隔；国际航班旅客与国内航班旅客分隔；旅客流程与行李流程分隔；安全区（隔离区）与非安全区分隔；等等，以确保对走私、贩毒、劫机等非法活动的控制。②流程要简捷、通顺、有连续性，并借助各种标志、指示力求做到"流程自明"。③在旅客流程中，尽可能避免转换楼层或变化地面标高。④在人流集中的地方或耗时较长的控制点，应考虑提供足够的工作面积和旅客排队等候空间，以免发生拥挤或受其他人流的干扰。

单元小结

机场是用于飞机起飞、着陆、停放、维护和组织安全飞行的场所。
机场作为商业运输的基地，可以划分为飞行区、候机楼和地面运输区三大部分。
航站楼是航站区的主体建筑，是一个地区或国家的窗口。
旅客在航站楼实现交通方式转换，开始或结束航空旅行，办理各种手续，接受有关检查，然后登机或转入地面交通。航站楼通过各种服务与设施，不断地集散着旅客及其迎送者。

模拟工作任务

工作任务：乘机手续办理。

任务描述：将学生分为几个小组，一组模拟机场工作人员，另外一组模拟旅客，向旅客介绍乘机的流程。

任务目标：让学生了解乘机的整个流程，学会运用所学知识。

任务要求：能准确说出乘机的整个流程。

学习单元二　航站楼票务服务

学习内容

票务服务是民航旅客运输工作中一个重要的环节,专业性较强,航站楼票务服务作为票务服务的一个重要板块,所包含的内容更为复杂,对从业者要求更加严格。本章主要介绍的是客票填开方法、客票使用的一般规定,及售票的服务流程。民航计算机销售系统的内容实践性较强,更应注重应用能力的培养。

学习目标

(1) 了解电子客票的含义及使用方法。
(2) 学会填开客票的方法。
(3) 熟记特殊情况下票务服务的相关规定。
(4) 熟悉航站楼票务服务的流程。
(5) 熟练掌握计算机销售客票的操作方法。

第一节　国内客票销售简介

资料链接

超售(overbooking)和未到旅客(no show passenger)的概念并不是航空公司首创,最先出现的是在现代饭店行业。饭店房间和航班座位一样,具有时效性和不可重复利用性。假设顾客两周前预订了某间酒店的房间,入住当天临时取消预订,则饭店预售掉的这间很难在当天卖掉,造成饭店收入损失。因此,饭店根据对往年销售数据和旅客行为习惯的分析和预判,计算可能出现未到旅客的数量,从而将可销售的房间数量进行100%以上的超额预订,避免因为未到旅客造成客房闲置。自此,超售逐渐形成一门有趣的统计学和自成一体的行为分析理论,也被广泛应用到针对时效性和不可重复性的产品销售过程中,在航空公司发扬光大。

公司超售的内因——收益最大化。所有航空公司均下设收益管理部门(Revenue Management Dep),该部门是航空公司市场销售的大脑和指挥官。其首要任务言简意赅地说,就是让航班销售利润收益最大化。收益管理中心的航线管理员根据对于航线、班期、机型、时刻、淡旺季、竞争公司和市场状况等综合因素分析判断,力求让每一个航班卖出最高收入。在航线管理层里有这么一个说法:假设一个飞机座位数是100,为达到收益最大化,应该销售的座位不是100个,而是99个。卖掉99个座位,证明你对旅客人数进行了精确的预判和控制。把100个座位全部卖掉不是更好吗?从单一航班来讲是没有错。但是卖掉100个座位,存在航线管理员对旅客需求判断不准的可能性。实际对这个航班有需求的旅客可能是100,也有可能是110、120甚至200。但由于判断失误,只能卖掉100个座位,剩余需求无法满足。这个时候,航线管理员应该增加航班或者更换更大的机型。基于以上原因,对于航线管理员针对旅客人数的预判能力提出了很高的要求。由于旅客自身原因取消行程、晚到没赶上飞机、临时改签其他航班等客观现象存在,超售的概念也被引入。假设飞机座位数是100,某条航线客座率一直接近100%。航线管理员发现,该航班每次总有3~5名已经购票的旅客没有乘坐飞机,因此实际可销售座位数就可以放大到103或105个。用100个座位卖出了105张票,这是任何一个航空公司喜闻乐见的。因此,超售现象在各家航空公司普遍存在,"一女两嫁"也为超售旅客与航空公司之间埋下了隐患。一旦针对未到旅客的预判出现小概率错误,所有手持客票的旅客都申请登机,必然造成部分旅客无法成行的状况发生。

航班超售的另一个诱因——旅客违约成本低。除部分特价舱位外,其余舱位的客票无论航班起飞前后,都可以选择退票。以上海至北京航线为例,一张全价机票价格为1130元,燃油附加费为140元。如果旅客在航班起飞2小时前退票,部分航空公司不收取退票费用,机票金额全退。即使航班起飞后,旅客也可以选择退票。四川航空公司(川航)、海南航空股份有限公司(海航)、中国东方航空股份有限公司(东航)的退票标准为机票金额的5%,经计算为60元;按照中国国际航空股份有限公司(国航)、中国南方航空股份有限公司(南航)的退票规定,退票费为机票金额的10%,即110元。与旅客60~110元甚至零损失相比,航空公司损失的是1130(机票价格)+140(燃油附加税)共计1270元的收入。因此未到旅客对于航空公司而言收入损失惨重,但旅客不会太在意。这就促使航空公司对可能空余的座位进行再分配。

按照契约精神,航空公司向旅客销售机票后,双方已经达成了运输服务协议。航空公司有义务按照指定时间、指定班期将旅客按照要约运送至目的地。双方之间的运输服务合同履行完毕之前,该航班该座位的使用权属于购买了机票的旅客。航空公司因为主动超售造成旅客无法成行,属于违反《消费者权益法》和《合同法》的行为,旅客享有申诉并追究航空公司违约责任、申请赔偿的权利。可以看到,因超售造成旅客误机的事件和投诉频频发生但是屡禁不止,获取最大化利润,最大程度降低损失才是真正原因。5家航空公司出台了200元至经济舱全价的超售赔偿标准,也是经过精密的收益计算的:只要超售收入大于实际的旅客超售补偿金额,航空公司就会将超售进行到底。

客票销售是航空公司营销工作的重点,客票销售的质量好坏直接影响到航空公司的经济利益和社会利益,客票销售的规范性、政策性要求较高,正确填开客票、处理客票相关事宜是工作重点。下面将这些知识点做详细介绍。

一、电子客票

许多航空公司提供电子客票,也称无纸化客票。选择电子客票,旅客的购买记录保留在航空公司的订座系统内,旅客不会收到纸制客票。电子客票与普通纸票之间的区别仅仅在于一个有形、一个无形,所有的功能应该与纸票一样,但事实上,两者之间存在的差异并非这么简单。1993年,世界上第一张电子客票在美国的航空公司诞生,结果大获成功。2000年3月28日,南航推出了内地首张电子客票,可为旅客提供"网上订票"、"网上支付"和"电子客票"服务。2006年10月16日起,我国国内停止售卖BSP纸质客票,2007年底全世界实现BSP客票100%电子化。

(一)电子客票的定义

电子客票是普通纸质机票的替代产品,旅客通过互联网订购机票之后,仅凭有效身份证件直接到机场办理乘机手续即可成行,实现"无票乘机"。目前,电子客票是世界上最先进、应用最广泛的客票形式,依托现代信息技术,实现无纸化、电子化的订票、结账和办理乘机手续等全过程,给旅客带来诸多便利,为航空公司降低成本。2011年,中国民航销售电子客票约1.96亿张,节约了近40亿元成本。

(二)电子客票特点

电子客票是传统纸质机票的替代品;纸票将相关信息打印在专门的机票上,而电子客票则将票面信息储存在订座系统中;电子客票可以像纸质机票一样,执行出票、作废、退票、换开等操作,营业员可以随时提取电子客票,查看客票的信息,包括旅客姓名、航段、票价、签注等;旅客不需要携带纸质机票,而只要出示有效的本人身份证件就可以在机场办理乘机手续;电子客票采用全部电子化的结算流程,不需要纸质的票联就能结算,可节省大量人力物力。

(三)电子客票行程单

目前,全国采用由国家税务总局统一监制的航空运输电子客票行程单作为旅客购买电子客票的付款、报销凭证,同时也起到提示旅客行程的作用,但不作为机场办理乘机手续和安全检查的必要凭证。同时,在旅客不需要电子客票行程单的情况下,也可以不打印,对办理登记手续不造成任何影响。如图2-1所示,电子客票行程单内容包括旅客姓名、有效身份证件号码、签注、航程、承运人、航班号、座位等级、日期、时间、客票类别、客票生效日期、有效期截止日期、免费行李重量、备注、票价、机场建设费、燃油附加费、其他税费、合计金额、电子客票号码、验证码、连续客票、保险费、销售单位代号、填开单位名称、填开日期、查询网址。

图2-1 电子客票行程单(票样)

二、国内客票的填开格式

如表2-1所列,国内客票填开是其他形式客票填开的基础,尽管航空公司客票成为电子客票,但是客票的主要栏目及相关填写规定没有明显变化,民航工作人员还是需要学习如何填开国内客票。

航站楼旅客服务

表 2-1 国内客票表格

填开单位 厦门航空公司 ISSUED BY XIAMEN AIRLINES		客票及行李票 PASSENGER TICKET AND BAGGAGE				始发地/目的地 ORIGIN/DESTINATION	2	出票日期和地点 DATE AND PLACE OF ISSUE	
签注 RESTRICTIONS/ENDORSEMENTS CARBON	1	出票人联 CHECK AGENT COUPON				订座记录编号 BOOKING REFERENCE	3		
						换开凭证 ISSUED IN EXCHANGE FOR	4		
旅客姓名 NAME OF PASSENGER	5	旅游编号 TOUR CODE			6			8 营业员 AGENT	
		连续客票 CONJUNCTION TICKET(S)			7				
		承运人 CARRIER	航班号 FLIGHT	座位等级 CLASS	日期 DATE	时间 TIME	订座情况 STATUS	票价级别/客票类别 FARE BASIS/TKT DESIGNATOR	客票生效期 NOT VALID BEFORE	有效截止日期 NOT VALID AFTER	免费行李额 ALLOW 17
不作为运输使用 NOT GOOD FOR PASSAGE	自 9 FROM	10	11	12	13	14	15	16			
	至 TO										
	至 TO									件数 PCS.	重量 WT.
	交运行李 BAGGAGE CHECKED			票价计算 FARE CALCULATION 19						件数 PCS.	重量 WT.
票价 FRAE	18	须遵照旅客乘机联前面的须知条款 SUBJECT TO CONDITIONS OF CONTRACT ON THE FRONT OF FLIGHT COUPON									
实付等值货币 EQUIV. FARE PD	20	票联 CPN	航空公司代号 客票顺序号 AIRLINE CODE FORM AND SERIAL NUMBER				检查号 CK	原出票 凭证号 地点 日期 营业员号 ORIGINAL ISSUE DOCUMENT NUMBER PLACE DATE A GENT'S NUMBER CODE 21			
税款 TAX	22	731	2436087940 0								
总数 TOTAL	23		25								
付款方 FORM OF PAYMENT	24										

1. "签注"栏

打印使用整本客票需要特别注意的事项:若将客票签转给其他承运人,应按照签转规定在本栏注明,或使用签转图章。若客票不得签转,应在本栏内注明 NON ENDORSABLE 或"不得签转"字样。

2. "始发地/目的地"栏

航程需要使用两本或两本以上的客票时,每本客票都在此栏打印全航程的始发地和目的地的三字代码,如 BJS—SHA—CAN,则打印 BJS、CAN。

3. "订座记录编号"栏

打印旅客订座记录编号。

4. "换开凭证"栏

打印换开客票的原客票、旅费证或预付票款通知的票证号码,包括承运人的票证代号、票证序号等,但不包括检查号。

5. "旅客姓名"栏

按旅客有效身份证件和旅客订座单上的旅客姓名打印,旅客订座单、旅客订座记录、旅客有效身份证件上的姓名必须一致。

外国旅客先打印姓,然后画上一条斜线,再打印名字和称谓。例如,Mr. Frieda Adelaide Brown,应该打印为 BROWN/FRIEDA ADELAIDE MR 或 BROWN/FA MR。

此外,需要表明特殊用途代号时,将代号打印在姓名后。常见的特殊用途代号有:

INF 婴儿;

CHD 儿童;

STCR 使用担架的旅客;

ACCSTR 担架旅客陪伴人员;

UM 无人陪伴儿童;

SP 病残旅客需要助手的;

CBBG 放入客舱的占座行李;

COUR 商务信使;

DIPL 外交信使;

EXST 额外占座的旅客。

6. "旅游编号"栏

打印团体旅客的订座记录编号,如果无编号,可以不填。

7. "连续客票"栏

如果全航程使用两本及两本以上的客票,每本客票的本栏内打印每本客票的客票号。具体打印内容是列明第一本客票的全部票号,然后加列其他各本客票的序号的最后两位数字,如 TKT7842378653906/07。

8. "出票日期和地点"栏

打印出票日期、终端 OFFICE 号及工作号。

9. "自……至……"栏

打印旅客全航程。在"自……"栏内打印始发站城市名称,在"至……"栏内按照旅客旅程顺序打印中途分程、衔接(联程)点或目的地。当航程需要使用两本及两本以上序号相连的客票时,则将前一本客票的最后一个城市名称填入下一本客票的"自……"栏内。地名一律用汉字全名,当一个城市有多个机场时,在填写城市名称后,再填写旅客乘机或到达的机场中文名称。

10."承运人"栏

打印各航段上已经申请或定妥座位的承运人的二字代码。不定期客票此栏可不填,但由于票价原因必须打印承运人时,填使用该票价的承运人二字代码。免票、优待票等不定期客票必须打印承运人二字代码。

11."航班号"栏

打印各航段已经申请座位或定妥座位的航班号。不定期客票可不填。

12."座位等级"栏

打印已定妥或已申请座位的座位等级代号,不定期客票也必须打印座位等级代号。座位等级代号分别为头等舱 F、公务舱 C、经济舱 Y,如表 2-2 所列,一些航空公司对优惠票或免票的座位等级代号有不同的表示。

表 2-2 国内不同航空公司舱位折扣代码

航空公司	9 折	8.5 折	8 折	7.5 折	7 折	6.5 折	6 折
国际 CA	B	H	K	L	M	N	Q
东方 MU	B	E	H	L	M	N	R
南方 CZ	T	K	H	M	G	S	L
上海 FM	H	K	L	M	T	E	V
海南 HU	B	H	K	L	M	N	Q
厦门 MF	Q	H	L	T	M	N	K
山东 SC	B	H	K	L	M	N	Q
深圳 ZH	G	K	H	T	Q	L	S

13."日期"栏

打印乘机日期和月份,分别以两位阿拉伯数字表示,中间用斜线分开,或用两个阿拉伯数字表示日期后接英文月份三个字母简称。例如,10 月 18 日,表示为 18/10 或 18OCT。

14."时间"栏

打印各航段已经申请座位或定妥座位的航班离站时间,并且必须以承运人公布在班期时刻表上的时间为准,时间用 24 小时制表示。例如,起飞时间为早上 7 点 58 分,则表示为 0758;起飞时间为晚上 10 点 10 分,则表示为 2210。航班起飞时间为起飞当地时间。不定期客票此栏可不填。

15."订座情况"栏

"订座情况"栏表示开票时的订座情况,用下列代号填写并打印:

OK 座位已经定妥;

RQ 已经申请订座,但未获得确认或列入候补;

NS 不单独占座的婴儿;

SA 利用空余座位。

旅客所购客票如包括不定期航班客票,应在"航班号"、"日期"、"时间"和"订座情况"栏内填写 OPEN 字样。

若旅客在购买客票后,申请作为获得证实或原不定期航段要改为定期航段,应填写变更条粘贴在有关客票的"订座情况"栏上,并加盖营业用章和客票更改专用章。

16. "票价级别/客票类别"栏

打印旅客所付的票价代号及旅客在部分航段上所享受的折扣票价类别代号。常见代号如表 2-3 所列。

表 2-3　折扣票价类别代号

票价	头等舱	公务舱	经济舱	儿童	婴儿	优惠	无陪儿童	团体	师生	八折
代号	F	C	Y	CH	IN	ID	UM	GV	ST	80%

17. "免费行李额"栏

根据旅客所持客票的票价类别和座位等级分别打印规定的免费行李额,如 F 舱填 40KG,C 舱填 30KG,Y 舱填 20KG。婴儿票没有免费行李额,填 NIL。

旅客在办理乘机手续时,由值机工作人员根据旅客托运行李的实际件数和重量填写交运行李的"件数"和"重量"栏内容。

18. "票价"栏

打印全航程的票价总额,在票价总额前面加上人民币代号 CNY,票价以人民币 10 元为计算单位,个位数四舍五入,如 CNY1210。如果填开两本及两本以上的客票,在每一本客票的"票价"栏内都要填写全航程的票价总额。

19. "票价计算"栏

填写票价的计算过程或运用此票价的依据。遇到下列情况时必须填写"票价计算"栏:全程需要填开两本及两本以上客票时;客票全部或部分换开时;全航程有两个或两个以上的承运人承运时;含有两个(来回程除外)或两个以上航段时。例如:旅客购买了长沙至北京、北京至乌鲁木齐的联程机票,其中第一航段是南航的航班,票价为 1210 元,第二航段是国航的航班,票价为 1150 元,在"票价计算"栏内应打印:

CSX CZ PEK 1210.00YB CA URC 1150.00YB TOT2360.00END

或 CSX CZ PEK 1210.00YB CA URC 1150.00YB CNY2360.00END

20. "实付等值货币"栏

若旅客用人民币支付票款,此栏可以不填;若用旅费证(MCO)或预付票款通知(PTA)换开的客票,应填写 MCO 或 PTA 的外币代码和按银行卖出价(BSR)将人民币票价折算成所付货币的金额。

21. "原出票"栏

若客票是用客票、旅费证或预付票款通知等凭证换开的,按下列要求填写:在新客票的这一栏内填写被换开客票的出票承运人、凭证号、出票地点、出票日期和出售该客票的空运企业或代理人的代号。本栏填写的内容为原出票人签转权利的证明;如在原始票证的相同栏内已有填注,应将填注的内容照转填写在所填开的新客票的本栏内。

22. "税款"栏

目前,国内客票此栏包括旅客机场建设费(CN)和国内航线燃油附加费(YQ)。

机场建设费收费标准:国内航班每人50元(国内支线航班每人10元),国际航班(含港澳地区航线)每人90元。持外交护照的旅客、24小时过站的旅客、年龄12周岁(含)以下的旅客免收机场建设费。

为适当缓解油价大幅上涨给航空公司带来的成本增支压力,经国务院同意,国家发展和改革委员会、中国民用航空总局决定,自2005年8月1日起恢复对中国国内航线旅客运输收取燃油附加费。2012年4月5日,我国国内航线燃油附加费最新的收费标准:800千米(含)以下航线燃油附加费每位旅客为80元;800千米以上的航线燃油附加费每位旅客为150元。

机场建设费和国内航线燃油附加费在旅客购票时与票价一并收取。

23. "总数"栏

将票价栏的金额加上税款栏的金额计算出的总金额填入此栏,在总金额前加上人民币代号CNY,如果需要填开两本或两本以上客票,在每一本客票的"总数"栏内都要填写。如果换开客票需补收差额,本栏填写补收的货币代码(A)和差额。

24. "付款方式"栏

填写旅客付款方式的代号。现金支付:CASH;支票支付:CHQ;客票:TKT;旅费证:MCO;预付票款通知:PTA;信用卡:CC及卡号。

25. 客票号码

填写相关客票号码的规定:国内客票的号码由13位数字组成,前三位数字为航空公司运输凭证代号,例如,国航999,东航781,南航784,上海航空774,海南航空880,厦门航空731,深圳航空479,山东航空C07,四川航空C10等。九位数字是各航空公司根据自己的规定制定的序号。

例如,南航的两联客票的客票号码:

784   3679357820

三、购票证件

(一)购票证件的一般规定

(1)旅客购票须持本人有效居民身份证或有效护照或公安机关出具的其他有效身份证件。

(2)外国人、华侨、港澳台同胞、外籍华人购票,须出示有效护照、旅行证、外交官证、回乡证、台胞证、居留证或公安机关出具的其他有效身份证件。

(3)法定不予颁发或尚未领居民身份证的人民解放军、人民武装警察官兵及其文职干部、离退休干部,可以使用军官证、警官证、士兵证、文职干部证或离退休干部证明。

(4)16周岁以下的未成年人购票乘机,可使用学生证、户口簿、暂住证或户口所在地公安机关出具的身份证明。12周岁以下儿童购票凭户口簿,婴儿票应提供出生证明或户口所在地公安机关出具的身份证明。

(二)特殊情况购票证件的处理办法

(1)尚未领取居民身份证和士兵证的,可使用当地公安机关或在部队出具的临时身份证,临时身份证应贴有本人近期相片,写明姓名、性别、年龄、工作单位、有效日期并加盖公章。

（2）重病旅客购票，须持有医疗单位出具的适于乘机的证明，经承运人同意后方可购票。急病、伤患者和陪同的医护人员及家属，急需乘机转赴外地治疗，但又不能出示居民身份证，可凭医院证明并经运输航空公司、机场最高值班领导批准后购票，办理乘机手续。

（3）凡出席全国或省、市、自治区的党代会、人代会、政协会、工青妇代会和劳模会的代表，无居民身份证者，凭其所属团级（含）以上党政军主管部门出具的临时身份证明，可购票并办理乘机手续。

（4）中央部、局级，地方省、直辖市级负责同志因紧急事务，未带身份证件乘坐其他交通工具外出或返回时需要乘坐飞机者，可凭有关接待单位出具的证明购票并办理乘机手续。

（5）为了方便一些年龄已高的老年人乘坐飞机外出旅行、探亲，凡无身份证者，可凭接待单位、本人原工作单位或子女配偶工作单位（上述单位必须是县团级以上），或现居住地户籍管理部门出具的证明购票并办理乘机手续。

（6）凡经国家批准的有突出贡献的中青年科学技术管理专家，外出工作参加学术会议等，可凭中华人民共和国人事部颁发的《有突出贡献中青年科学家证书》，在全国各地的民航售票处优先购买机票。

（7）省、部级（含副职）以上的要客，如无居民身份证，可凭购票介绍信和省、部级（含）以上单位出具的身份证明购票，办理乘机手续。

（8）全国人民代表大会代表、全国政协委员，可凭本届全国人民代表大会代表证、全国政协委员证购票。

（9）旅客的居民身份证被盗或丢失的，凭报失地公安机关或机场公安机关出具的临时身份证明或临时登机证明购票并办理乘机手续。

四、客票的有效期

（一）客票的有效期一般规定

国内客票的有效期为一年。

定期客票有效期自旅行开始之日的次日零时起开始计算，不定期客票有效期自填开之日次日零时起开始计算，至有效期满之日次日零时为止。

例如：一张联程客票，其航程为 CAN—CSX—SHA—PEK，其 CAN—CSX 的起飞时间为 2011 年 3 月 17 日（CZ3391），有效期应从 2011 年 3 月 18 日零时起计算，以后两个航程必须在 2012 年 3 月 18 日零时以前完成全部旅行，否则客票无效；一名旅客 2011 年 6 月 25 日购买 HRB—SIA 不定期客票，旅客必须在 2012 年 6 月 26 日零时以前旅行完毕，否则无效。

（二）客票的有效期延长

（1）由于承运人原因造成旅客未能在客票有效期内旅行，旅客客票的有效期将延长到承运人能够按照该客票已付票价的舱位等级提供座位的第一个航班为止。

（2）持正常票价客票或与正常票价客票有效期相同的特种票价客票的旅客未能在客票有效期内旅行，是由于承运人在旅客订座时未能按其客票的舱位等级提供航班座位，其客票有效期可以延长至承运人能够按照该客票已付票价的舱位等级提供座位的第一个航班为止，但延长期不得超过 7 天。

(3) 已开始旅行的旅客在其持有的客票有效期内因病使旅行受阻时,除承运人对所付票价另有规定外,承运人可将该旅客的客票有效期延长至根据医生诊断证明确定该旅客适宜旅行之日为止;或延长至适宜旅行之日以后,承运人能够按照旅客已付票款的舱位等级提供座位的第一个航班为止。承运人也可同等延长患病旅客的陪伴亲属的客票有效期。

(4) 如果旅客在旅途中死亡,该旅客陪同人员的客票可用取消最短停留期限或延长客票有效期的方法予以更改。如已开始旅行旅客的直系亲属死亡,旅客(包括与旅客同行的直系亲属)的客票也可予以更改。此种更改应在收到该旅客死亡证明之后办理,此种客票有效期的延长不得超过死亡之日起 45 天。

五、候补购票

(一) 定义

为充分利用航班座位,最大可能地满足旅客的购票要求,各售票处可以在航班规定座位配额已经售完的情况下,接受少量旅客候补购票的要求。

(二) 候补购票条件

(1) 定妥座位的旅客主动申请退票。

(2) 原定担任航班飞行的机型改变,座位数增加。

(3) 航班保留的控制座位没有使用。

(4) 航班供不应求,有可能安排加班航班。

(5) 联程站中,前一站的配额没有用完,本站可以利用其剩下的座位。

(三) 处理程序

(1) 请候补旅客填写旅客购票单,按旅客先来后到顺序登记存放,并按此顺序安排旅客先后购票登机,再将候补旅客要求的航程、航班、日期、舱位以及旅客的联系方式等资料输入计算机,作为候补 PNR。

(2) 如候补座位成功,应及时通知旅客并要求旅客出示本人有效的身份证件,然后填开客票,收取票款。

六、座位再证实

(一) 定义

根据《中国民用航空旅客、行李国内运输规则》第七条规定:旅客持有定妥座位的联程或来回程客票,如在该联程或回程地点停留 72 小时以上,须在联程或回程航班离站前两天中午 12 点以前,办理座位再证实手续,否则原订座位不予保留。如旅客到达联程或回程地点的时间离航班离站时间不超过 72 小时,则不须办理座位再证实手续。

(二) 一般规定

(1) 需要办理座位再证实手续的客票,承运人应在客票内页上印有座位再证实的相关规定,以引起旅客的注意。售票员应在售票后主动告知旅客有关的座位再证实的信息和办理方法。

(2) 接到旅客再证实的通知时,航空公司应该记录旅客在当地的联系电话或住址,在相应的航段内将航程代码由 HK 改为 RR,表示该名旅客已经完成了座位再证实手续。

(3) 办理团队座位再证实时,应核对团队人数以及各个有关订座情况进行核实,无误后,将航程的行动代码 HK 改为 RR。

七、客票变更

(一) 定义

1. 自愿变更

由于旅客原因需要改变航程、航班、乘机日期、时间、座位等级或乘机人,均属于自愿变更。

2. 非自愿变更

由于航班取消、提前、延误、航程改变或承运人未能向旅客提供已经定妥的座位(包括舱位等级),或未能在旅客的中途分程地点或者目的地停留,或造成旅客已经定妥座位的航班衔接错失,旅客要求变更客票的,均属于非自愿变更。

(二) 一般规定

(1) 要求变更的客票必须在客票有效期内提出,否则不得变更。

(2) 要求变更的客票不得违反票价限制条件,如优惠客票在购买协议中已经列明不得签转、不得变更条款。

(3) 客票变更后,客票的有效期仍按原客票出票日期或开始旅行日期计算。

(4) 自愿变更:

① 要求改变航班、日期、舱位等级,必须在原定航班停止办理乘机手续之前提出,并予以免费办理;如果在停止办理乘机手续之后提出,并且决定继续乘坐原承运人的后续航班,可予以免费办理一次,如旅客要求再次变更,每位应支付票价的5%的手续费。若旅客要求变更的航班和日期是在原承运人航班没有可利用座位或旅客不同意由原承运人安排航班及日期的情况下,则按自愿退票办理。

② 旅客购票后在所乘坐航班规定停止办理乘机手续之前提出,要求将原购买的服务等级更改至高等级,在航班座位和事件均允许的情况下,应积极予以办理,补收差价。

③ 旅客购票后在所乘坐航班规定停止办理乘机手续之前提出,要求将原购买的服务等级降低,按自愿退票办理,再重新购票。

④ 变更航程或乘机人,均应按退票处理,旅客需重新购票。

(5) 非自愿变更:

① 为旅客优先安排后续航班继续旅行。

② 征得旅客及有关承运人同意后,方可办理签转手续。

③ 若由于承运人原因变更客票,承运人有义务安排航班将旅客送达目的地或中途程地点,票款、逾重行李费和所有服务费用多退少不补。

④ 若由于承运人原因变更旅客舱位等级,票款多退少不补。

八、团体旅客购票

(一) 团体旅客订座

团体旅客应按照承运人的规定在航班规定起飞当日前提出订座,订座时需提供团体名称、人数、成员姓名及身份证号码、航班号、日期、舱位等级。所有开放航班都接受旅游部门的订座。如需要增加航班、包机、更改机型等,应向承运人有关生产部门申请。

已定妥座位的团体旅客应在承运人规定或预先约定的时限内购票,否则原定座位不予保留。不同的航空公司针对不同的航线销售情况设定了团体旅客预定和出票的时间限制。

(二) 团体旅客购票

团体中的每位旅客都需要为其填开一张客票。

团体旅客的客票除了按照一般旅客客票要求填写外,还需在签注栏内填写团体总人数、团号和票价类别;票价级别栏内填写出票代号。

(三) 团体旅客客票变更

(1) 团体旅客购票后,如自愿变更客票服务等级,经承运人同意后方可办理,票款多退少补。

(2) 团体旅客购票后,如自愿变更航班、日期,应按自愿退票办理,再重新购票乘机。

(3) 团体旅客购票后,如自愿变更客票,造成团体人数低于航空公司要求团队最低人数限制,则该团体剩下的旅客不能享受团体优惠条件,继续旅行的旅客应补付普通票价和原付团体票价的差额,并换成新客票。

(4) 团体旅客非自愿或团体旅客中有成员因病要求变更,需有医疗单位证明,按非自愿变更处理。

九、退票

由于承运人未能按照运输合同提供运输或旅客自愿改变其旅行安排,对旅客未能使用的全部或部分售票,承运人应按规定办理退票。

(一) 普通旅客退票

1. 一般规定

(1) 旅客要求退票,必须在其客票有效期内提出。

(2) 旅客必须凭本人有效身份证件,方可办理退票。

(3) 退售只限于出票站、航班出发站及终止旅行地的承运人或其销售代理人售票处办理退座,在原购票处退款。

(4) 退还旅客票款时,应根据规定计算出实退金额,填写退款单并让旅客签收。

(5) 退票款的计算单位以元为单位,四舍五入。

2. 分类

1) 自愿退票

由于旅客本人的原因,包括旅客未能出示有效身份证件、旅客违反政府和承运人有关规定而被拒绝乘机以及旅客不能在客票有效期内完成部分或全部航程而要求退票,称之为自愿退票。

航空公司在旅客自愿退票的情况下,需要向旅客收取退票手续费,收费办法如下。

(1) 规定:

① 航班离站 24 小时以前申请退票,收取原票款 5% 的退票费;

② 航班离站 24 小时以内至 2 小时以前退票,收取原票款 10% 的退票费;

③ 航班离站 2 小时以内,收取原票款 20% 的退票款;

④ 航班离站后,按误机处理,收取原票款 50% 的退票费。

(2) 免收退票费的几种情况:

① 革命伤残军人;

② 婴儿票。

(3) 对于联程、中途分程或来回程客票的退票,按上述规定分别收取各航段的退票费。

(4) 旅客在航班的经停点自动终止旅行,该航班未使用的航段的票款不退。

(5) 优惠票价,各航空公司退票规定不相同。

2) 非自愿退票

由于气象、机务或承运人其他原因而引起航班取消、提前、延误、航程改变、衔接错误或承运人不能提供座位;旅客因病不能继续旅行。以上这些原因导致旅客申请退票,称之为非自愿退票。

(1) 规定:

① 在始发站应退还全部票款,在航班经停站,退还未使用航段的票款,均不收取退票款;

② 班机如在非规定的航站降落,并取消当日飞行,旅客要求退票,则退还由降落站至到达站的票款,但退款金款不得超过原付票款;

③ 联程、分程旅客由于上述原因在航班经停站或联程站、分程站停止旅行,也应退还未使用航段的票款,但退款金款不得超过原付票款。

(2) 旅客因病退票:

① 必须在班机规定起飞时间前提出,并提供县级(含)以上医疗单位出具的医生诊断证明,如病情突然发生或在航班经停站临时发生的病情,一时无法取得医疗单位证明,则也必须经承运人认可后才能办理;

② 在始发站退还全部票款,在航班经停站,则应退还未使用航段的票款,均不收手续费;

③ 患病旅客的陪伴人员也按上述规定办理。

(二) 团体旅客退票

1. 自愿退票

(1) 在航班规定离站时间72小时以前,收取原票价10%的退票费;

(2) 在航班规定离站时间72小时以内至规定离站时间前一天中午12点前收取原客票价30%的退票费;

(3) 在航班规定离站时间前一天中午12点以后至航班离站前,收取原票价50%的退票费;

(4) 持联程、来回程客票的团体旅客要求退票,按上述规定分段计收;

(5) 团体旅客中部分成员要求退票:

① 如乘机的旅客人数不少于该票价规定的最低的团体人数时,按上述两项办理;

② 如乘机的旅客人数少于该票价规定的最低团体人数时,则应将团体旅客原实付票价总金额扣除该团体已使用航段的票款后,再扣除乘机旅客按正常票价计算的未使用航段票款总金额及上述规定的退票费,差额多退少不补。

2. 非自愿退票

团体旅客的非自愿退票的处理办法与普通旅客一样。

第二节 国际客票销售简介

办理国际客票销售时,可以先参考国内客票销售的相关规则,二者有相通处。本节将国际客票的国际性特点及国际业务知识作为重点,便于读者将国内、国际客票销售内容加以联系和区分。

一、国际组织

(一) 国际航空运输协会

国际航空运输协会是世界航空运输企业资源联合组织的非政府性的国际组织,是世界航空公司之间最大的民间国际组织。凡国际民航组织成员国的任一经营定期航班的空运企业,经其政府许可都可成为该协会的会员。经营国际航班的航空运输企业为正式会员,只经营国内航班的航空运输企业为准会员。

国际航空运输协会于1945年12月8日正式成立,其总部设在加拿大蒙特利尔,执行总部设在瑞士日内瓦,清算局也设在瑞士日内瓦。在北美的迈阿密、华盛顿;南美的圣地亚哥、智利,西欧的伦敦、布鲁塞尔,中东的安曼,非洲的达喀尔、内罗毕,亚太的新加坡、北京设有办事处。

国际航空运输协会的宗旨是促进航空运输正常、经济地发展,保护世界人民的利益,推动航空商业活动,并研究与之相关的问题;为直接或间接从事国际航空运输业务的航空运输企业提供协作途经;与国际民航组织和国际组织合作。

国际航空运输协会的最高权力机构为全体会议,另外还有运输委员会、技术委员会、财务委员会、法律委员会。该协会主要从事的活动如下:

(1) 运价协调。主要通过每次不定期召开的运价协调会议,协调在执行运价过程中所遇到的纠纷与问题。

(2) 国际结算。国际航空运输协会通过在瑞士日内瓦成立的国际清算局,结算发生在双边和多边的债权及债务,从而使国际结算变得简捷、准确。

(3) 技术合作。技术领域主要工作包括航空电子和电信、工程环境、机场、航行、医学、简化手续以及航空保安等。

(4) 代理人事务。国际航空运输协会在1952年就制定了代理标准协议,为航空公司与代理人之间的关系设置了模式。协会举行一系列培训代理人的课程,为航空销售业造就合格人员。协会近年来随自动化技术的应用发展制定了适用客货销售的航空公司与代理人结算的"开账与结算系统"和"货运账目结算系统"。

(5) 法律事务。国际航空运输协会的法律工作主要表现在:

① 为世界航空的平稳运作而设立出文件和程序的标准;

② 为会员提供民用航空法律方面的咨询和诉讼服务;

③ 在国际航空立法中,表达航空运输承运人的观点。

(6) 运输服务。国际航空运输协会制定了一整套完整的标准和措施以便在客票、货运单和其他有关凭证以及对旅客、行李和货物的管理方面建立统一和程序,这也就是"运输服务",主要包括旅客、货运、机场服务三个方面,也包括多边联运协议。

(二) 国际民用航空组织

国际民用航空组织(简称国际民航组织)(International Civil Aviation Organization, ICAO)是联合国的一个专门机构,是政府间的国际组织,参加该组织的成员必须是主权国家的政府,我国在1971年加入联合国后,同时也加入了国际民用航空组织。该组织总部设在加拿大蒙特利尔,在曼谷、内罗毕、达喀尔、巴黎、墨西哥城、利马、开罗设有办事处。

国际民用航空组织前身为根据1919年《巴黎公约》而成立的空中航行国际委员会

(ICAN)。第二次世界大战对航空器技术发展起到了巨大的推动作用,使得世界上已经形成了一个包括客货运输在内的航线网络,但随之也引起了一系列急需国际社会协商解决的政治上和技术上的问题。因此,在美国政府的邀请下,52个国家于1944年11月1日至12月7日参加了在芝加哥召开的国际会议,签订了《国际民用航空公约》(通称《芝加哥公约》),按照公约规定成立了临时国际民航组织(PICAO)。1947年4月4日,《芝加哥公约》正式生效,国际民航组织也因之正式成立,并于5月6日召开了第一次大会。同年5月13日,国际民航组织正式成为联合国的一个专门机构。1947年12月31日,"空中航行国际委员会"终止,并将其资产转移给国际民用航空组织。

国际民用航空组织的宗旨和目的在于:发展国际航行的原则和技术,促进国际航空运输的规划和发展;保证全世界国际民用航空安全和有秩序地发展;鼓励为和平用途的航空器的设计和操作技术;鼓励发展国际民用航空应用的航路、机场和航行设施;满足世界人民对安全、正常、有效和经济的航空运输的需要;防止因不合理的竞争而造成经济上的浪费;保证缔约国的权利充分受到尊重,每一缔约国均有经营国际空运企业的公平的机会;避免缔约国之间的差别待遇;促进国际航行的飞行安全;普遍促进国际民用航空在各方面的发展。

国际民用航空组织主要活动有:

(1) 统一国际民航技术标准和国际航行规则;

(2) 协调世界各国国际航空运输的方针政策,推动多边航空协定的制定,简化联运手续,汇编各种民航业务统计,制定航路导航设施和机场设施服务收费的原则;

(3) 研究与国际航空运输有关的国际航空公法和影响国际民航的司法中的问题;

(4) 利用联合国开发计划署的技术援助资金,向发展中国家提供民航技术援助方式是派遣专家、顾问、教员,提供助学金和设备等;

(5) 组织联营公海上或主权未定地区的导航设施与服务法规。

(三) 国际旅行社协会联合会

国际旅行社协会联合会(Universial Federation Of Travel Agents' Association,UFTAA)是世界旅游代理协会联盟,它是世界上最大的,同时也是最高级别的旅游业代表机构,成立于1966年。UFTAA包括114个国家的旅游代理协会,会员是各个国家旅游行业的旅行社协会,遍及121个国家。总部设在摩纳哥。

国际旅行社协会联合会的宗旨是:

(1) 加强各国旅游协会间的联系。

(2) 作为全球旅游行业专业水准的最高代表。

(3) 保障旅游业在经济和社会领域中的发展。

(4) 使旅游业在社会经济中占有应有的位置。

(四) 世界旅游组织

世界旅游组织(World Tourism Organization,WTO)是联合国系统的政府间国际组织,最早由国际官方旅游宣传组织联盟(IUOTPO)发展而来。世界旅游组织主要负责收集和分析旅游数据,定期向成员国提供统计资料、研究报告,制定国际性旅游公约、宣言、规则、范本,研究全球旅游政策。它的前身是国际官方旅游联盟,1975年改为现名,总部设在西班牙首都马德里。

世界旅游组织成员分为正式成员(主权国家政府旅游部门)、联系成员(无外交实权的领地)和附属成员(直接从事旅游业或与旅游业有关的组织、企业和机构)。联系成员和附属成员对世界旅游组织事务无决策权。截至目前,世界旅游组织有正式成员154个,其宗旨是促进和发展旅游事业,使之有利于经济发展、国际间相互了解、和平与繁荣。

二、国际运价

(一)国际航线方向代号

国际航线方向代号是准确计算国际客运价的一个十分重要的依据。因为,从一个城市至另一个城市在不同的方向之下有不同的运价,所以在计算运价时,首先必须判明航程的方向。国际航线方向代号有以下几种。

1. 北大西洋航线:AT(VIA ATLANTIC)

    NYC—PAR

    LIS—MIA

    WAS—LON—PAR—FRA

2. 东半球航线:EH(EASTERN HEMISPFERE)

    BJS—KHI—DXB

    SIN—SYD—AKL—KUL

    CAN—SIN—AKL—CHC—BNE—SYD—MEL—CAN

3. 北太平洋航线:PA(VIA PACIFIC)

    SHA—TYO—LAX

    BKK—OSA—ANK

    YTO—HNL—KUL

4. 环球航线:AP(VIA ATLANTIC AND PACIFIC)

    BOM—TYO—NYC—LON—BOM

    TYO—YMO—MIA—PAR—MOW—SHA—TYO

    SIA—DXB—ZRH—YVR—MEX—MNL—SIN

5. 北极航线:PO(VIA NORTH POLAR)

    BJS—ANC—NYC

    HKG—TYO—ANC—CPH

    IKT—YTO—ATL

6. 西伯利亚航线:TS(VIA SIBERIA AND NONSTO PEUROPE)

    STO—TYO

    TPE—SEL—MOW—AMS

    MOW—LON—OSA

7. 西半球航线:WH(WESTERN HEMISPHERE)

    BOS—SCL

    LAX—RIO

    DET—BUE

8. 远东航线:FE(FAR EAST)

    MOW—JKT

SHE—HKG—SIN

IEV—URC—XMN—TYO

(二) 国际航程分类

1．单程(OW)

单程指旅客从某国出发去另一国的单向旅行。

BJS—TYO—PTY

BJS—CAN—SYD

2．来回程(RT)

来回程指由始发地出发前往目的地,然后再返回原始发地且全程为航空运输的航程。

BJS—HKG—BJS

TYO—HKG—BKK—MNL—TYO

3．环程(CT)

环程指从始发地出发,连续不断环绕旅行,最后回到始发地的航程

BJS—HKG—SIN—SYD—KHI—BJS

URC—HKG—SYD—TYO—SHA—URC

4．环球程(RTW)

环球程指从始发地出发,连续不断向东或向西飞行,既经太平洋又经大西洋,然后回到原始发地的航程。

BJS—TYO—SFO—NYC—LON—BJS

DLC—SEL—LAX—NYC—PAR—FIH—KHI—CTU—DLC

5．缺口程(NOJ)

缺口程指有来回程和环程的基本结构特征,在整个航程中有一个或两个地面运输段(缺口要在同一国内)的航程。

(1) 单缺口：

① 始发站缺口：

BJS—TYO—SHA

② 折回点缺口：

BJS—TYO……OSA—BJS

(2) 双缺口：

BJS—TYO……OSA—SHA

(三) 国际客票销售代号

国际销售代号是由四个字母组成,每个字母都有一个具体的意思。四个字母分别是：

S：SALE 销售或付款；

T：TICKETING 出票；

I：INSIDE 国内；

O：OUTSIDE 国外。

注：美国、加拿大视为一国；北欧三国视为一国。

例如：NYC—FRA—PAR—LON

S：NYC S：CHI

T:WAS   T:BJS
销售代号为 SITI   销售代号为 SITO

(四) 运价种类

1. 公布直达运价

(1) 定义:由 IATA 公布的从某一点到另一点的票价。

(2) 使用条件:

① 运价方向必须与旅行方向一致。

② 航程必须与 Rule 一致。

③ 没有出现超里程。

④ 没有出现中间较高运价和单程回拽程。

⑤ 航程中某一点没有出现两次以上的中途分程。

2. 指定航程运价

对于某些包括转机点的非直达航程,如果航程经过某个或某些特定点,可以直接使用从该航程始发地到目的地(或折返点)的公布直达运价,而无须考虑其他因素。

指定航程中的地点可以删减,但不得增加任何新的中途分程点;适用于指定航程的注释也同样适用于删减后的航程;可选择航程只公布其单向路线,至于反方向航程按反向也适用,但一定要按顺序使用。

例如:BJS—OSA—TYO

Between   Beijing
To   Tokyo
Via   Osaka

如果 BJS—TYO 是一条指定航程,此指定航程使用的航程为 BJS—OSA—TYO 的旅客和航程 BJS—TYO 的旅客。

3. 里程制运价

1) 四个基本要素

最大允许里程(Maximum Permitted Mileage,MPM)。指在方向确定的前提下,从始发站至终点站的公布直达运价所允许的最长距离。

客票点里程(Ticketed Point Mileage,TPM)。指旅客在旅行中所经过的各个点的里程总数。

超里程优惠(Excess Mileage Allowance,EMA)。指航程出现超里程时,给予一定实际里程优惠的做法。

超里程附加(Excess Mileage Surcharge,EMS)。指非直达航程的各客票点里程之和超过该运价计算区的最大允许里程时,按照一定的比例对运价进行附加的一种做法。

2) 计算规则

(1) 运价方向是否与旅客航程方向一致。

(2) 比较 TPM 与 MPM 的大小关系。

3) 计算步骤

(1) 求始发站至终点站合适的 MPM。

(2) 根据旅客实际航程计算出 TPM。

（3）对比 TPM 与 MPM。

4）计算类型

（1）非直达航程的运价计算。

（2）超里程附加。

（3）超里程优惠。

（4）中间较高运价。

（5）单程回拽程。

（6）单程最低组合运价。

4. 来回程、环程运价

1）定义

由始发站到另一地点（折回点），最后又回到原始发站的连续航程；无论去程还是回程路线是否相同，只要来回程均使用相同票价，且运价计算区不超过两个，则就是来回程。

2）方向运价的使用规定

运价计算时，应按实际旅行方向选择运价，但对于整个航程的运价不只有一个运价计算区组成时，如果某个运价计算区的终点是运输始发站某一点，则该运价计算区应采用从始发地出发方向的运价。

使用此规定时，北欧三国视为一国；美国、加拿大视为一国。

3）来回程、环程运价计算原则

（1）选择折返点，确定运价计算区。

（2）在每个运价计算区内进行计算，如果去程和回程运价相同，则为来回程；如果去程和回程的运价不同，则为环程。

（3）如果是环程，则需要进行环程最低限额检查。

4）环程最低限额检查（CTM）

环程的全程运价不能低于始发地到航程中某一个中途分程点的相同等级的最高的来回程。

5. 混合等级运价

1）定义

在某个运价计算区内，包含不同服务等级航段的航程。

2）计算原则

（1）以低等级票价计算出全程票价，再加上高等级航段上高等级票价与低等级票价的差额。

（2）低等级航段的票价加上高等级航段的票价。

（3）全程采用高等级票价。

注：以上三种方法取低者，作为该航程的票价。

三、国际客票填开

国际客票与国内客票类似。目前，使用较为广泛的为电子客票、航空公司本票、BSP客票。如表 2-4 所列，国际机票内容填写规定与国内基本相同（在此不再详细介绍）。如表 2-5 所列，电子客票行程单也是由计算机售票系统直接打印出来，以下面国际电子客票行程单为例，供大家参考。

表 2-4　国际客票

IATA		
ITINERARY		
AIRLINE PNR:NKWKOM		1E PNR:HZMXWY
NAME:YI/JIFENG MS		ETKT NBR:675-9595106582
ID NUMBER:PPT04360560		CONJ NBR:
ISSUING AIRLINE:AIR MACAU		DATE OF ISSUE:20MAY12
ISSUING AGENT:		IATA CODE:08304914
AGENCY ADDRESS:xxxx		
TEL:		FAX:

ORIGIN/DES	FLIGHT	CLASS	DATE	TIME	ARRTIME	NVA/NVB	STATUS	ALLOW	TERMINAL Takeoff	TERMINAL Arrival
MFM—MACAU TPE—TAOYUAN INTL,TAIPEI	NX618	H	28MAY	1735	1915		28MAY3	OK	20K		T1

FARE CALCULATION:			
A 28MAY12MFM NX TPE225.17NUC225.17END ROE7.993634			
FORM OF PAYMENT:CA3	TAX:	CNY16.00	
		CNY72.00	
		CNY266.00	
FARE:CNY1430.00			
TOTAL:CNY1784.00			
RESTRICTIONS:NON-END/RRT/RFND WZ PENALTY			

NOTICE:

• Please arrive at the airport before the check-in time specified by the airline. During check-in, please produce your valid ID card used when you purchase the ticket.

• Dial the service hotline 00853-83965555 (09.00-18.00 service hour) or log onto the official website www.airmacau.com.mo to find out more about the check-in time regulations and other information.

• To find out more about the regulations of other airlines, please refer to the relevant airlines or agents for more information.

• IATA Ticket Notice: http://www.iatatravelcentre.com/tickets.

• (Subject to change without prior notice)

表 2-5 国际电子客票行程单

IATA										
电子客票行程单										
航空公司记录编号:NKWKOM						订座记录编号:HZMXWY				
旅客姓名:YI/JIFENG MS						票号:675-9595106582				
身份识别代码:PPT04360560						联票:				
出票航空公司:澳门航空公司						出票时间:20MAY12				
出票代理人:						航协代码:08304914				
代理人地址:										
电话:						传真:				
始发地/目的地	航班	座位等级	日期	起飞时间	到达时间	有效期	客票状态	行李	航站楼	
									起飞	到达
澳门 桃园国际机场	NX618	H	28MAY	1735	1915	28MAY3	OK	20K	T1	
票价计算:										
	A 28MAY12MFM NX TPE225.17NUC225.17END ROE7.993634									
付款方式:CA3						税款:	CNY16.00			
							CNY72.00			
							CNY266.00			
机票款:CNY1430.00										
总 额:CNY1784.00										
限制条件:NON-END/RRT/RFND WZ PENALTY										
须知: • 请携带本人有效证件,在航班起飞 1 小时前到达机场澳门航空值机柜台办理登机手续。 • 如要查询更多登机手续规定及其他资讯,请登录澳门航空网站 www.airmacau.com.mo,或拨打澳门航空电话服务热线:00853-83965555(服务时间为09.00-18.00)。 • 如要查询更多有关联运航空公司的规定及资讯,请与有关航空公司及其代理人联系。 • 如需了解有关票务信息,请登录国际航协网站 http://www.iatatravelcentre.com/tickets。 • 本公司保留对以上信息之修改的权利,如有更改,恕不另行通知										
1. 发送 JP 到 10669018(本条免费)得到服务列表,根据提示回复选择相关的服务——电子客票验真或电子客票状态跟踪(一旦机票状态发生任何改变,我们将第一时间短信通知您)										
2. 发送 YZ+有效身份证件号码或 YZ+电子客票票号到 10669018(每条一元)验明电子客票真伪										
3. 发送 GZ+有效身份证件号码或 GZ+电子客票票号到 10669018(每条一元)获得电子客票全程状态跟踪(一旦机票状态发生任何改变,我们将第一时间短信通知您)										

四、国际客票变更

（一）改变承运人签转

1. 有权使用票证或签转给其他承运人的航空公司

（1）出票承运人。

（2）第一续程承运人。

（3）原出票承运人。

2. 中国各航空公司有权办理客票签转手续的单位

（1）各航空公司办理国际业务的售票处和机场中转售票处或收款台。

（2）各航空公司驻国外办事处。

（3）各航空公司授权签转的总代理。

其他空运企业在改变客票、旅费证的承运人时，必须取得有权签转的承运人的书面或申报授权。

3. 客票的签转手续

（1）旅客向有权办理签转的单位说明需要改变的理由，得到同意后才可办理。

（2）在办理有关客票的签转手续时，应在"签注栏"内盖签转图章，然后加盖业务用章并由经手人签字。

（二）改变座位等级

1. 降低座位等级

（1）在为旅客办理降低座位等级时，应在旅客所持原客票"签注"栏内盖降低座位等级专用章。

（2）盖章完毕，使用"更改小条"更改原客票的订座情况。

（3）旅客凭客票及有关证明可在原出票地点退款。

2. 提高座位等级

1）非自愿提高座位等级

如航程不变，应使用"更改小条"更改客票的座位等级，在非自愿提高座位等级航段的客票签注栏内，填注 INVOL UP 字样，并加盖业务用章，不另外收取费用。

2）自愿提高座位等级

（1）检查客票各项内容是否齐全有效。

（2）当旅客所持客票为正常运价时，按照正常运价计算原则计算舱位等级差额。

（3）一般情况下，将计算出的始发国货币差额按当日汇率折合成实付等值的付款国货币计收。

（4）补收差额填开旅费证。

（5）在 DATE AND PLACE OF ISSUE 栏内，盖业务用章以示生效，由经办人签名。

（6）将填开完毕的旅费证的换取服务联撕下，并将其附在所提高等级航段的客票上。

（7）在所提高等级的客票正确位置贴上"更改小条"，在"更改小条"上注明新的订座情况。

（8）如果旅客所持客票采用的是特殊客票，要请示值班经理，在值班经理签字同意的情况下，可根据上述处理办法为旅客提高座位等级。

（三）改变航程

客票填开后，如果旅客还未开始旅行就提出改变航程，则按照旅客退票后重新购票处理，其使用的运价和有效期均按新客票计算。

第三节 航班查询与订座操作实务

工作任务导入

完成一位客人的 PNR 操作流程，并给客人发短信。

民航计算机销售系统是客票销售实施的关键步骤。目前，填开客票形式为计算机售票，取代了以前手工填开客票，所以学会操作计算机销售客票系统尤为重要，本节详细介绍航班查询、订座操作系统的控制。

一、航班信息查询 AV

（一）国内航空公司的航班信息查询

国内航空公司系统与代理人系统的联系是非常紧密的，所以代理人查询中国民航航空公司的航班信息是有其特殊性的，即代理人可以最简便、最准确地查询到中国民航航空公司的航班信息。

【操作1】 查询 PEK – SHA 的航线上的航班信息。

```
> AV:PEKSHA/10DEC
输出结果为
10MwC(FRI) PEKSHA
1 - CA921     PEKSHA  0800  0950  340  0  M  DS#  FS  AS  CS  DS  YS  SS  BS  HS  KS  LS *
2   CA929     PEKSHA  0830  1020  763  0  M  DS#  FS  AS  CS  DS  YS  SS  BS  HS  KS  LS *
3   CA1501    PEKSHA  0840  1035  777  0  M  DS#  CA  DS  YA  BA  KS  ZS  VS
4   CA915     PEKSHA  0920  1110  340  0  M  DS#  FS  AS  CS  DS  YS  SS  BS  HS  KS  LS *
5   WH2520    PEKSHA  1130  1320  310  0  M  DS#  FA  YA  BS
6   MU583     PEKSHA  1140  1340  M11  0  M  DS#  FS  CA  DA  YA  EQ  VA  QA  ZS
7   CA991     PEKSHA  1150  1345  74L  0  M  DS#  FS  AS  CS  DS  YS  SS  HS  KS  MS  TS *
8 + NW5991    PEKSHA  1150  1345  74L  0  M       *    JZ  CZ  YZ  BZ  MZ  HZ  QZ  VZ
```

【解析】

（1）可以看到，这里的连接等级标识均为 DS#。

（2）营业员不但可以直接看到所需航班的航空公司代码、航班号、起飞降落时间、舱位等数据，最主要的是可以在第一次显示时就可以准确地看到航班舱位的状态，有无座位，是否限制销售等，营业员可以借此直接销售所需航班的座位。

（二）国外航空公司的航班信息查询

当客票销售人员要查询或销售国外航空公司的航班座位时，为了得到准确的航班信息，一般需要两个步骤：

（1）使用 AV 对该航线的承运航空公司的航班情况进行查询，如 > AV:LONLAX。

（2）对于有 * 标识的航班，采用指定航空公司的方式进一步查询，以便得到更为准确的航班数据,如>AV:LONLAX/UA。

对于存在连接等级标识(即 AV 中有 DS、* 等标识)的国外航空公司的航班,建议营业员依据步骤(2)查询到的数据订座位。

【操作2】提取 LON 到 LAX 的航班数据。

> AV:LONLAX/10DEC

系统输出为

10DEC(FRI) LONLAX

```
1 -  AA137   LHRLAX  1105  1455  763  0  M  DS *  FZ CZ YZ BZ HZ MZ GZ KZ VZ *
2    UA935   LHRLAX  1145  1500  777  0  M  DS *  FZ CZ YZ BZ MZ HZ QZ VZ
3    VS007   LHRLAX  1200  1510  744  0  M  DS *  JZ WZ YZ BZ LZ MZ GZ SZ QZ
4    CO4407  LHRLAX  1200  1510  744  0  M     *  JZ DZ ZZ YZ HZ KZ BZ VZ QZ  *
5    BA283   LHRLAX  1200  1515  744  0  M  TY *  FZ JZ DZ YZ BZ HZ KZ MZ VZ *
6    UA919   LHRLAX  1230  1937  777  1  M  DS *  FZ CZ YZ BZ MZ HZ QZ VZ
7    SK3913  LHRLAX  1300  1615  777  0  M     *  CZ SZ MZ BZ VZ QZ LZ
8 +  NW033   LGWLAX  1325  2100  D10  1  M     *  JZ CZ YZ BZ MZ HZ QZ VZ KZ *
```

【解析】

(1)可以看到承运人都是国外航空公司,航班座位状态均显示为 Z,这表明这些航班的座位情况不明确。

(2)在通常情况下,第一次 AV 得到的下列信息,会有助于进一步查询:

① 在本航线上,有哪些航空公司承担运输;

② 哪些航空公司与代理人系统有高等级连接,如上例,所有的航班的连接标识都标为 *,故均可进一步得到航班的准确信息。

【操作3】进一步查询 UA 航空公司的航班信息。

> AV LONLAX/10DEC/UA

系统输出为

10DEC(FRI) LHRLAX FROM UA

```
1  UA935   LHRLAX  1145  1500  777  0  *  F9 C9 D9 Y9 B9 M9 H9 Q9 V9 *
2  BA001   LHRJFK  1030  0920  SSC  0  *  R9
   UA687   LGAORD  1100  1213  320  0  *  F9 Y9 B9 M9 H9 Q9 V9 W9 S9 *
   UA111   LAX           1245  1458  320  0  *  F9 Y9 B9 M9 H9 Q9 V9 W9 S9 *
3  BA003   LHRJFK  1900  1750  SSC  0  *  R9
   UA021   LAX           2100  2347  762  0  *  P9 C9 D9 Y9 B9 M9 H9 Q9 V9 *
```

【解析】

(1)如果营业员能确定需要查询的航空公司,直接做这一步即可。

(2)本次航班数据查询(步骤(2))的实际含义是:营业员通过这种方式,经历了一次直接到 UA 系统查询航班数据的过程。由于数据是直接从航空公司系统得到的,所以这时看到的数据是最准确的数据。营业员可以看到航班的实际情况,最重要的是这次航班查询看到的航班状态不再是情况不明的,而是实际的航班状态。例如,UA935 航班,F、C、D、Y、B 等舱位后均为 9,表明这些舱位都是有座位的。结合第一次航班查询时 UA 航空公司存在直接销售的销售方式(有 DS 显示),说明当营业员销售不多于 9 个座位时可直接销售。

对比两次显示会发现:

(1) 当第一次提取航班数据时(使用 > AV:LONLAX/10EDC)显示的 UA919 航班,在第二次通过直接提取(> AV:LONLAX/10EDC/UA)所得到的航班数据中不存在。

(2) 这是因为第一次得到的数据是来自本系统(即代理人系统)的,是相对静态的数据,这些数据的更新是定期进行的,而非实时性的,存在不准确的因素。如果依此数据订取 UA919 航班,由于该航班实际不存在,会造成订座的不准确。

(3) 第二次数据提取是直接访问 UA 系统,数据是实时、准确的,这也是在前面提到的。建议大家在订座时,要依据第二次(即加上航空公司代码)提取而得到的航班数据。

二、订座的完整过程及 RTC

客票销售人员通过 SD 指令订座时,实际上完成了到航空公司系统中取座位的过程。

(一) 订座过程

(1) 营业员订座,在 CRS 系统中生成 PNR。
(2) CRS 系统将订座信息传送到航空公司系统。
(3) 航空公司系统生成相应的 PNR。
(4) 航空公司系统将记录编号返回到 CRS 系统。

可以通过提取 PNR 的全部内容看到两个系统的处理情况。

【操作4】提取 PNR,查看国内航空公司订座记录。

> RT N9061

1.徐岩 N9061

2.CZ3138 Y WE22MAR PEKWUH RR1 1620 1810

3.BJS/T BJS/T 010 – 65053330 – 321/FESCO CHINA WORLD TOWER/LIU XIAO FANG ABCDEFG

4.PEK/66017755

5.T

6.RMK CA/JLR2B

7.FN/FCNY860.00/SCNY860.00/C3.00/ACNY860.00

8.TN/784 – 6053105104/P1

9.FP/CASH,CNY

10.BJS249

> RTC

003	PEK1E	9986	0031	22MAR	
	1. 徐岩(001) N9061				
001	2.CZ3138 Y WE22MAR PEKWUH RR1 1620 1810 DR(001) RR(001)				
001	3.BJS/T BJS/T 010 – 65053330 – 321/FESCO CHINA WORLD TOWER/LIU XIAO FANG ABC-DEFG				
001	4.PEK/66017755				
001	5.T				
002	6.RMK CA/JLR2B				
001	7.FN/FCNY860.00/SCNY860.00/C3.00/ACNY860.00				

003	8. TN/784-6053105104/P1	
001	9. FP/CASH,CNY	
001	10. BJS249 +	

>PN：

001	BJS249 3558 0031 22MAR I	营业员建立 PNR
002	HDQCA 9983 0031 22MAR /RLC1	航空公司系统返回记录编号
001/003	FC/PEK CZ WUH 860.00YB CNY860.00END	打票后将 FC 放回历史记录中
003	PEK1E 9986 0031 22MAR	代理人系统返回票号

【解析】

前一部分 RTC 中的 001、002、003 分别表示第一、二、三次封口进行的操作，后一部分是每一次封口的部门代号、营业员工作号、（格林尼治）时间、日期及无效航段、FC 等项。

该 PNR 经历了如下的操作：

（1）BJS249 营业员 3558 在 3 月 22 日北京时间 8：31（0031+8），建立 PNR。

　>NM：1 徐岩

　SS：CZ3138/Y/22MAR/PEKWUH/RR1

　CT：PEK/66017755

　FN：FCNY860.00/SCNY860.00/C3.00

　FC：PEK CZ WUH 860.00YB CNY860.00END

　FP：CASH,CNY 输入

　>DZ：1

（2）航空公司系统生成记录后，3 月 22 日北京时间 8：31（0031+8）将记录编号返回到原 PNR 中。

　　　RMK CA/JLR2B

（3）打票后，CRS 系统 3 月 22 日北京时间 8：31（0031+8）将票号送回到 PNR 中,并将 FC 等与订座信息无直接关系的内容放入 PNR 的历史部分。

【操作 5】提取 PNR，查看国外航空公司订座记录。

013	SWI1G　　9999　　0614　　22MAR
	1. WANG/CHUXIN(001) N3M9V
005	2. KL898　B　TU28MAR PEKAMS RR 1045 1500 DCNT
	NN(005) DK(005) HK(005) RR(008)
005	3. KL3125　B　TU28MAR AMSPRG RR1 1620 1745 DCNT
	NN(005) DK(005)　HK(005)　RR(008)
001	4. BJS/T PEK/T 010-65538922/CHINA AIR SERVICE COMPANY/
	DONG SU HUA ABCDEFG
001	5. 65538922XJG
008	6. T
007	7. SSR OTHS 1E *NOTE KL3125 OPERATED BY
	OK0623-ADVISE CUSTOMER
011	8. OSI　　KL　　TKN074-2567650643
011	9. OSI　　YY　　TKN074-2567650643
002	10. RMK　　AK　　ZRHSR J5VXDY

003	11. RMK	AK	SWI1G M5GV7I		
007	12. RMK	AK	AMSKL C2GFXU		
008	13. FN/IT//SCNY4800.00/C0.00/XCNY30.00/TRNCNY30.00DE/ -				
009	14. TN/074-2567650643/P1				
008	15. FP/CHECK,CNY/B10065				
001	16. BJS191				

> PN

001	BJS191	9311	0536	22MAR -	
002	SWI1G	9999	0537	22MAR	
003	SWI1G	9999	0540	22MAR	
004	SWI1G	9999	0555	22MAR	
001/005	SR199 K TU28MAR PEKZRH XX1 1355 1830				
	NN(001) DW(001) HL(001) KL(004) XX(005)				
001/005	SR446 K TU28MAR ZRHPRG XX1 2035 2150				
	NN(001) DW(001) HL(001) KL(004) XX(005)				
005	BJS191	7109	0602	22MAR	IK
006	HDQ1G	9983	0602	22MAR	/EDIFACT
006/007	RMK		1G/M5GV7I		
007	SWI1G	9999	0602	22MAR	
001/008	TL/1200/27MAR/BJS191				
008	BJS191	7109	0611	22MAR	I
008/009	FC/BJS KL AMS KL PRG 0.00BITSP1Y TOT0.00END				
008/009	TC/ITOKL3BJ100				
008/009	EI/NONRER/NONEND/NONRRT/CHG DATE FREE -				
009	PEK1E	9986	0611	22MAR	I
010	SWI1G	9999	0611	22MAR	
011	BJS191	7109	0614	22MAR	IK
012	SWI1G	9999	0614	22MAR	
013	SWI1G	9999	0614	22MAR	

【解析】

（1）第一次封口（所有含有001的项）的时间是3月22日05：36（GMT）。

（2）CRS系统生成记录编号的同时，对方系统也产生记录，并且发回确认信息时间是3月22日05：37，告知航空公司系统记录编号ZRHSR J5VXDY。

（3）返回对方GDS系统记录编号SWI1G M5GV7I，时间是3月22日05：40。

（4）对方航空公司系统确认座位：

SR199 HL—KL

SR466 HL—KL

（5）营业员第五次修改取消原航段：

SR199 K TU28MAR PEKZRH

SR446 K TU28MAR ZRHPRG

建立新航段：

KL898 B TU28MAR PEKAMS
KL3125 B TU28MAR AMSPRG
并做@I
（6）对方系统做出相应修改。
（7）对方系统返回新记录编号，并将重复的记录编号取消。
（8）营业员出票，HK－RR，输入 FC、FN、FP、TC、EI 项，并打票。
（9）CRS 系统返回票号，将 FC、TC、EI 放入历史部分。
（10）对方系统得到出票信息。
（11）营业员手工将票号信息加入 OSI 项，以便确保票号信息返回对方系统。
（12）对方系统确认票号信息。
（13）航空公司系统确认票号信息。

工作任务解析

订座记录（PNR 操作流程）：
1：AVH/两城市代码/日月/航空公司/D(D 表示直飞)　　　[查询航班信息]
2：SD 航班序号舱位人数
3：NM　1　姓名　　1 表示出票张数
　如　NM　1 黄凡　英文　NM　1HUANG/FAN　　　前三步骤的顺序操作
4：TKTL　占位时间　／./PEK263　PEK263 为工作号　　不同的计算机不同的号
5：OSI 航空公司代码 CTCT 销售电话
6：CT 电话号码　如 CT010－88465283
7：\ 封口指令　或者\KI 强行封口
以上指令完成后会出现六位记录号，记住号码。
1. 出票输入客人证件号指令
SSR FOID 航空公司代码 HK/NI 证件号，
如 SSR FOID CA HK/NI6546546546546
2. 如需要给客人发民航短信
指令
一：RMK MP 手机号　　　　　　　输入客人手机指令
二：SMS I/六位记录号　　　　　　发送短信指令
发送成功会显示 OK。

单元小结

　　本章详细介绍了国内、国际售票的过程及相关规定、法律，因为机场售票部门与其他的售票点、客票代理商、网络售票有特别之处，航站楼售票工作人员除了要掌握正常销售客票的流程以外，还需要熟悉退票、客票变更、候补购票等相关特殊情况下的服务流程。

模拟操作练习

根据本章内容提供1~2个工作任务,供学生进行模拟实操。

工作任务:

任务描述:某旅客和同行陪伴旅客购得9月23日MU5119航班,上海—北京的客票,起飞时间为17:00。但旅客于9月20日10:15持表明该旅客身患疾病的医生证明,要求前往广州治疗,故要求将原客票改为9月20日上海至广州的MU5313航班,起飞时间为5:30。这种情况旅客的客票应该如何处理?同行陪伴旅客的客票应该如何处理?

任务目标:学会国内客票填开要求,达到票务人员的基本要求。

任务要求:熟知客票销售的要求及步骤,了解特殊情况下的客票销售处理办法。

学习单元三　值机服务及行李托运服务

学习内容

值机服务及行李托运服务是民航运输生产的一个关键性环节,搞好值机和行李托运工作对于提高服务质量和保证飞行正常及安全具有重要意义。本章主要介绍的是旅客乘坐飞机、值机、收运行李的流程,行李不正常情况下的相关规定及离港控制流程。

学习目标

(1) 掌握办理登机手续的步骤及要求。
(2) 了解值机岗位工作流程。
(3) 熟悉值机服务的要求。
(4) 熟悉行李收运的流程和相关规定。
(5) 掌握行李不正常情况下的处理方法。
(6) 了解离港控制流程。

第一节　值　机　服　务

工作任务导入

王先生是一名腿部残疾的旅客,购买了5月12日17:08 HU7809西安到乌鲁木齐的普通舱机票,但王先生未办理居民身份证,乘机时办理了临时身份证,他的托运行李重25千克,王先生可以乘机吗?请为王先生办理值机,让王先生顺利登机。

值机,是为旅客办理乘机手续、接收旅客托运行李等旅客服务工作的总称,是民航旅客地面服务的一个重要组成部分,民航运输生产的一个关键性环节。其工作内容包括办理乘机手续、办理行李托运、查验旅客机票和身份证件、回答问讯、特殊旅客保障服务、拍发业务电报等。

一、值机种类

随着民航业竞争的加剧,航空公司开始将重心转向为旅客提供人性化的优质服务,互联网技术的高速发展和国际航协"简化商务"计划的推行也为新的值机业务模式的产生提供了技术支持。

(一) 人工值机

传统柜台值机是指由工作人员为旅客办理行李托运、机位预订、登机牌打印等业务。目前,人工值机仍旧是国内机场的主流值机方式。图 3-1 中即为传统的人工值机柜台。

图 3-1 传统的人工值机柜台

(二) 机场自助值机

机场自助值机是指旅客在机场借助专门的值机机器,自行完成旅行证件验证、选择座位、打印登机牌,它是有别于传统机场柜台值机的一种全新办理乘机手续的方式。如图 3-2 所示,使用自助值机的旅客无需在机场值机柜台排队等候服务人员打印登机牌发票、分配座位,取而代之的是旅客可以通过特定的值机凭证在自助值机设备上获得全部乘机信息,根据屏幕提示操作选择座位、确认信息并最终获得登机牌。如果需要交运行李,则在专设柜台完成行李交运的值机工作方式。图 3-2 所示为机场自助值机台。

图 3-2 机场自助值机台

(三) 网上值机

网上值机是指旅客自行通过互联网登录航空公司离港系统的自助值机界面,操作完成身份证件验证、选择确定座位并打印 A4 纸登机牌,如果需要交运行李,则旅客登机前在专设柜台完成行李交运,以自行打印的 A4 纸登机牌通过安检并登机的工作方式。图 3-3 为乘客通过网上值机打印的登机牌样式。

(四) 手机值机

手机值机是指旅客使用手机上网登录航空公司离港系统的自助值机界面,自行操作完成身份证件验证、选择并确定座位,航空公司以短信形式发送二维条码电子登机牌(图 3-4)到旅客手机上,旅客到达机场后在专设柜台完成行李交运、打印登机牌或者直接扫描二维码,完成安检登机。

航站楼旅客服务

图 3-3　网上值机登机牌样式

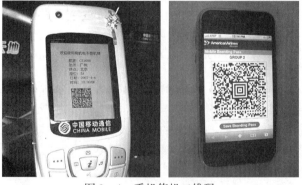

图 3-4　手机值机二维码

(五) 短信值机

短信值机是指旅客通过发送和接收短信息的方式办理值机手续。如图 3-5 所示,乘客会在手机上收到短信办理值机。

46

| 单人座位选择 | 多人座位选择 |

图 3-5　短信值机

二、值机服务柜台的种类

为了提高值机服务的速度和效率,各个机场和航空公司可以根据自己公司所拥有的值机柜台数量进行合理分类。通常,值机服务柜台分为如下几种。

（1）普通旅客柜台。任何旅客在指定的普通值机柜台都可以办理值机手续。

（2）值班主任柜台。乘坐国内、国际航班的 VIP、头等舱旅客、持有本航空公司会员卡的旅客都可以在此柜台进行办理。

（3）会员专柜。此柜台为通过各航空公司特别会员服务方式订票的旅客提供在机场的取票服务,或提供大客户贵宾的乘机服务。此外,还为旅客办理各航空公司俱乐部的现场入会手续,为持有会员卡的旅客提供查询里程、制卡等服务。

（4）特殊旅客服务柜台。此柜台在保证航班正常的情况下为晚到旅客、有特殊需要的旅客(特殊旅客)提供方便、快捷、舒适的服务,尽可能满足每一位旅客的特殊需求。

（5）团体旅客柜台。此专柜为团体旅客办理乘机手续。

三、值机流程导入

值机人员应该按时开放值机柜台:一般规定 200 座以上的机型,在航班到站时间前 120 分钟上岗;200 座以下的,提前 90 分钟上岗;100 座以下的,提前 60 分钟上岗。值机柜台的关闭时间为航班规定离站前 30 分钟,旅客应当在承运人规定的时限内到达机场办理登机手续。

（一）值机准备工作

（1）查看排班。

（2）检查业务用品。业务用品包括业务用品袋、监督牌(监督卡)、两只圆珠笔、登机牌、温馨关注贴、安全出口提示贴、座位破损温馨提示单、行李条、晚到行李条、晚到行李标贴、晚到旅客标识、逾重行李缴费单、易碎贴、头等舱行李标识、VIP 行李标识、行李封签、行李姓名牌、锂电池绝缘袋、头等舱/公务舱休息卡、VIP 信息交接单、向上标识贴等。

（3）检查仪容仪表。

（4）提前 5 分钟上岗。

（5）收集航班信息和运输信息。

① 了解执行航班的机型、机号、座位布局、预定离站时间、航线、经停点和终点站。

② 通过订座系统,了解执行航班的旅客人数、座位登记和配餐情况,以及特殊旅客的需求。

(6) 收集航班客运电报:

① 在柜台上方的公告牌上显示所办航班的航班号、目的地等内容。

② 按照预报订座旅客人数和平常行李流量准备所行行李牌的数量。

③ 检查磅秤和行李输送带的运转情况。

(二) 接收流程

1. 问候旅客并询问乘机信息

(1) 微笑问候旅客并询问目的地。

参考语言:"先生/女士,您好!请问您去哪里?请出示一下您的证件。请您阅读提示牌上锂电池等行李托运的温馨提示。"

(2) 旅客有可能已经在后面排队等候了很久,带着情绪来柜台办理。

参考语言:"先生/女士,不好意思,刚才由于XX原因,让您久等了。"

(3) 双手接过旅客证件。

2. 查验有效旅行证件

(1) 查验旅客乘机的有效证件:

① 中国籍旅客的居民身份证、临时身份证(临时身份证应贴有本人近期相片,写明姓名、性别、年龄、工作单位、有效日期并加盖公章)、军官证、武警警官证、士兵证、军队学员证、军队文职干部证、军队离退休干部证和军队职工证,港、澳地区居民和我国台湾同胞旅行证件。

② 外籍旅客的护照、旅行证、外交官证等;民航总局规定的其他有效乘机身份证件。

③ 16岁以下未成年人可凭其学员证、户口簿或者户口所在地公安机关出具的身份证明乘机。

④ 同时规定,对持居民身份证复印件、伪造或变造证件、冒用他人证件者不予放行登机。

(2) 查验证件有效期:

① 居民身份证过期半年内有效。

② 临时身份证过期15天内有效。

③ 临时乘机证明当日有效。

④ 临时身份证明7日内/15日内有效(注意照片盖章和有效期)。

⑤ 退伍、转业军人凭退伍证、转业证,6个月内可予办理。

(3) 查验无效证件。常见的无效证件有驾照、社保卡、居住证、工作证、"中华民国"护照。

参考语言:"先生/小姐,您出示的证件不是有效证件,请您出示……"

(4) 查验证件过期。

参考语言:"先生/小姐,对不起,您的证件已过期了,您有没有带其他有效证件?如果没有,我们暂时不能为您办理手续,请您去XX楼机场派出所开一张"临时乘机证明"(凭行程单和证件),您的航班还有XX时间停止办理手续,请您抓紧时间。"

开具临时乘机证明,旅客需携带:

① 能够证明其身份的证件或材料。

② 能够证明其当日乘机的材料(电子行程单、值机主任开具乘机单)。

(5) 查验超龄旅客。

婴儿指旅行开始之日不满2周岁的人。

儿童指旅行开始之日年龄满2周岁但不满12周岁的人。

航空公司拒绝承运出生不足14天的婴儿及出生不足90天的早产婴儿。

如果旅客购买的是婴儿票,但实际年龄已超过2周岁,请参考:

参考语言:"先生/小姐,您的孩子年龄已经超过了婴儿票的标准,按规定是要购买儿童票的,请问您在订票的时候,订票处有没有跟您确认这个规定?如果没有请您联系一下订票处,请他们为您处理,或者直接到售票柜台补差价。"

每位成人最多可携带两名婴儿,超过一名时,应购买儿童票。如果旅客购买的是儿童票,但实际年龄已超过12周岁,请参考:

参考语言:"先生/小姐,您的孩子年龄已经超过了儿童票的标准,按规定是要购买成人票的,请问您在订票的时候,订票处有没有跟您确认这个规定?如果没有请您联系一下订票处,请他们为您处理,或者直接到售票柜台补差价。"

3. 查验客票

(1) 对客票是否真实、合法、有效进行查验,包括:

① 旅客使用客票时,应交验有效客票,包括乘机航段的乘机联及全部未使用并保留在客票上的其他乘机联及旅客联,缺少上述任何一联,客票即为无效。

② 开出客票的航空公司与本公司有没有结算关系。

③ 客票是否有涂改,填写是否符合要求。

④ 客票是否盖章以生效。

⑤ 有效期检查。

⑥ 客票乘机联是否按规定顺序使用。

(2) 旅客姓名检查。

(3) 航段检查:

① 检查旅客订座记录中座位等级是否与客票所列相符。

② 票价检查。

③ 订座状态检查。

④ 是否可签转检查。

⑤ 每一位旅客必须单独持有一张客票。

(三) 座位安排

安排座位是办理乘机手续中的一项重要工作。安排好旅客座位,不仅是提高旅客服务质量的保证,而且能有计划地安排飞机的载重平衡,确保飞行安全。如图3-6所示,黄色为不可选座位,绿色为可选择座位,=表示过道,E表示紧急出口。

1. 询问旅客座位需求

参考语言:"先生/女士,请问您对座位有什么要求呢?"

(1) 如果有符合旅客要求的位置,按旅客需求发放座位;如果旅客要求的座位已被占用,应告知旅客。

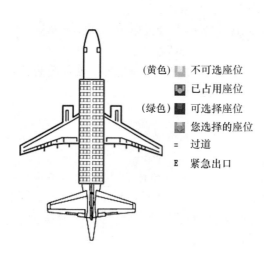 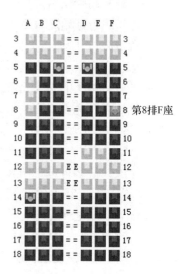

图 3-6 机上座位显示图

参考语言:"不好意思,先生/女士,您需要的座位已经被使用了,现在有××座位,您看可以吗?"

(2)怀抱婴儿不占座,应对旅客进行解释。

参考语言:"先生/女士,婴儿不占座,所以婴儿的登机牌和大人的登机牌的姓名一样。"

2. 座位安排的基本要求

(1)旅客座位的安排应符合飞机配载平衡的要求。

(2)按座位等级安排旅客就座,F 舱座位由前往后集中安排,Y 舱由后往前安排。

(3)将团体、家庭或相互照顾的旅客安排在一起。

(4)不同政治态度和不同信仰的旅客,不要安排在一起。

(5)国际航班在国内航段承运国内旅客时应与国际旅客分开安排。

(6)经停站有 VIP 或者需要照顾的旅客,事先通知始发站以留妥合适座位。

(7)VIP 或者需要照顾的旅客,按旅客所定舱位等级情况及人数,应预留相应座位。

(8)应急出口座位应严格按规定安放。

3. 应急出口座位的安排

老人、儿童、孕妇、残障人士、抱婴者、体重超过 100 千克、身高超过 190 厘米、在紧急情况不愿意协助他人者或明显肥胖者及所有特殊旅客均不得安排在紧急出口的座位。

(四)收运行李

行李运输是随旅客运输而产生的,与旅客运输有着不可分割的关系。在收运行李的过程中,要仔细检查旅客的行李物品,将行李牌拴挂在旅客的每件行李上,并将其中的识别联贴在旅客的登机牌上,以便于旅客识别。

行李应由大到小放置在传送带上,注意侧面把手向上,两件行李中间相隔 10 厘米。

1. 询问旅客行李需求

参考语言:"请问您有行李需要托运吗?"

"您一共有几件行李需要托运?"

"请问您行李里面有没有贵重、易碎、危险品?"

（1）查看旅客行李包装是否符合要求:

① 了解行李的内容是否属于行李的范围。

② 了解行李内是否夹带禁运品、违法物品或危险品,是否有易碎易损、贵重物品或不能作为交运行李运输的物品。

③ 检查行李的包装、体积、重量是否符合要求。

（2）行李过秤。

（3）逾重行李收费。

2. 贵重物品的处置

（1）建议旅客随身携带贵重物品。

参考语言:"贵重物品建议您随身携带。"

（2）如果旅客要求托运,则为旅客贴易碎标贴并做出解释。

参考语言:"为保障您的行李安全,我为您贴了'易碎标贴',我们尽量为您轻拿轻放,但是在飞行的过程中由于颠簸造成的破损,需要您责任自负,请您在'免除责任声明'上签字。"

（3）拴挂旅客签名后的行李条。

（4）指引旅客将行李拿至超限柜台。

3. 易碎物品

（1）如果旅客说有易碎物品,则为旅客贴易碎标贴;若旅客要求向上放置行李,再为旅客贴向上标识,并做出解释。

参考语言:"我们尽量为您轻拿轻放,但是在飞行的过程中由于颠簸造成的破损,需要您责任自负,请您在'免除责任声明'上签字。"

（2）拴挂旅客签名后的行李条。

（3）指引旅客将行李拿至超限柜台。

需送往超限柜台的行李有超大、超小、婴儿车、轮椅、易碎、宠物、自行车、工具(箱)、带轮行李包、不规则行李、高尔夫球包、滑雪用具等。

4. 酒精饮料

（1）旅客乘坐飞机时,酒类物品不得随身携带,但可作为托运行李交运。酒类物品的包装封盖必须严密,不得溢漏。

① 容器内部必须留有5%~10%的空隙,封盖必须严实,不得溢漏。

② 用玻璃容器盛装的,每一容器的容量不得超过1000毫升。

③ 单件货物毛重不得超过25千克。

④ 箱内应使用衬垫和吸附材料填实,防止晃动或液体渗出。

⑤ 包装上必须有易碎标识和向上指示标识。

（2）作为托运行李交运时,应符合以下数量规定:

① 酒精体积百分含量小于或等于24%的,不受限制。

② 酒精体积百分含量为24%～70%(含70%)的,每人交运净数量不超过5升。
③ 酒精的体积百分含量大于70%的,不得作为行李交运。

5. 锂电池

国际民航组织《危险物品安全航空运输技术细则》规定:旅客或机组成员为个人自用内含锂金属电池或锂离子电池的便携式电子设备(手表、计算器、照相机、手机、手提电脑和便携式摄像机等)必须作为手提行李携带登机,且锂金属电池的锂含量不得超过2克,锂离子电池的额定能量值不得超过100瓦·时。超过100瓦·时但不超过160瓦·时的,经航空公司批准后可以装在交运行李或手提行李中的设备上。超过160瓦·时的锂电池严禁携带。

便携式电子装置的备用电池必须单个做好保护以防短路(如放入原零售包装、在暴露的电极上贴胶带、将每个电池放入单独的塑料袋或保护盒中或者以其他方式将电极绝缘),并且仅能在手提行李中携带。经航空公司批准的100～160瓦·时的备用锂电池只能携带两个。

旅客携带锂离子电池驱动的轮椅或其他类似的代步工具应遵守以下规定:
(1) 提供专业危险品鉴定机构出具的UN38.3测试报告。
(2) 电池两极必须能防止短路,而且电池须牢固安装在代步工具上。
(3) 必须经航空公司同意(需主任柜台开具"旅客锂电池运输申请单")。

锂电池的额定能量可通过计算得到

$$瓦·时 = 伏 \times 安·时 \quad 或 \quad 瓦·时 = 伏 \times 毫A·时/1000$$

例如:某手机电池额定电压为3.7伏、额定电流1500毫A·时,
则3.7伏×1500毫A·时/1000 = 5.55瓦·时 < 100瓦·时

6. 行李超重

告知旅客超重,并计算好大概缴费金额,旅客同意缴费后,为旅客先办理托运,行李过检后填写逾重单,将逾重单和证件交予旅客并指引旅客前往缴费柜台缴费,旅客缴费回来回收红色票联(核实目的地和重量),查验证件后将绿色票联合登机牌交还旅客。

参考语言:"您的行李超重了:①您一共有X千克免费行李额;②超重X千克;③每公斤XX元;④总共大概需要XX元。如果您确定要全部托运,稍后请拿我为您开具的逾重收费单,到XX柜台交逾重行李费,然后回来领取登机牌(不用排队)。"

若旅客仍然不愿意缴费,则建议旅客拿出部分行李随身携带(注意提醒旅客随身行李事项)。

7. 补托运行李

(1) 航班结载后不得再添加行李。
(2) 补托运行李步骤:
① 查验旅客证件和登机牌(核对证件和登机牌姓名是否相符)。
② 根据旅客提供的登机牌信息提取航班号。
③ F3切换已值机界面。
④ 用姓名全拼提取旅客信息,并核对登机牌上BN号与系统中的是否一致,证件号码与系统中是否一致。
⑤ 核对无误后,在系统中输入行李件数及重量。

(五) 发放登机牌

登机牌是旅客登机的主要凭证。登机牌分为手工填写与机器打印两种,是由一张正联连着一张副联组成的。机器打印是在离港系统中,由系统自定义统一格式打印,简单、快捷、准确。目前,还有很多技术应用于登机牌,如条形码技术,能将登机牌上的数据自动统计记录;有的还有自动跟踪功能,如旅客只要在机场范围内,就能根据登机牌准确定位旅客;还有的与里程统计功能相连接,能确保旅客实际乘坐的里程数的真实统计等。

1. 登机牌的格式

如图3-7所示,登机牌包括正副联,正联包括航班(FLIGHT)、日期(DATE)、姓名(NAME)、登机时间(BOARDING TIME)、到达站(DESTN.)、登机口(GATE)、舱位等级(CLASS)、前舱座位(FRONT SEAT)、后舱座位(REAR SEAT)、序号(NO.),副联包括航班、姓名、日期、到达站、座位、序号。

图3-7 登机牌样式

2. 特殊座位标志

. 已占用座位	E 紧急出口	A 第一到达站旅客座位
* 可利用座位	X 机组座位	O 第二到达站旅客座位
= 过道	C 最后可利用座位	T 过站旅客预留座(手工)
+ 婴儿座位	D VIP座位	《过站旅客预留座位》
转港旅客专用区		P 未到旅客留座
U 无人陪伴儿童座位		B 婴儿摇篮座位

3. 打印登机牌和行李条并核实

(1) 贴行李条时,应与旅客复核:

① 行李大条与系统中是否相符。

② 同时询问旅客:"您一共有XX件行李去XX,对吗?"

(2) 核对登机牌、证件及系统是否相符,是否有打印模糊、错位。

(3) 行李过安检时,应请旅客在一旁等待。

参考语言:"请您在旁边稍等,行李正在安全检查。"

如果旅客需要开包检查行李,须通过传送带进入安检区域,如此时进行踩传送带踏板操作,极易导致旅客摔伤,存在极大安全隐患,值机员指引旅客踩传送带进入开包区检查

行李时,应做到:

① 必须确认传送带上无行李;

② 旅客通过传送带时,禁止踩传送带踏板,同时应使用"请小心,请注意脚下"等语言温馨提示。

③ 禁止指引旅客先行进入相邻柜台,再让其从安检机后方跨过传送带进入本柜台开包区检查行李。

(4)复核信息:

① 姓名、证件号(证件、登机牌、系统)。

② ET(登机牌左下角、F3 看回显)。

③ 行李件数(登机牌背面的行李牌个数、系统中的行李件数、目的地)。

4. 将登机牌和行李牌交予旅客

(1)值机人员打印好登机牌后,应双手将登机牌、行李条、证件及其他票据交与旅客,并与旅客微笑道别。

参考语言:"请慢走、登机口在 X 号。"

(2)若登机口未分配,需对旅客进行解释。

参考语言:"先生/女士,由于您办理的时间比较早,登机口暂时未安排好,请您在起飞前 2 小时内到柜台查询登机口,或者先过安检,在隔离区内查看航班动态显示屏上信息。"

(六)值机柜台关闭

航班离站前 30 分钟,停止接收旅客,清点乘机联和行李牌。航班初始关闭后,值机柜台将不能再接收被关闭航班的旅客。

航班剩余座位在没有特殊要求预留的情况下,可按规定妥善安排超售、未能按时中转或晚到的旅客,如果另有余位,应及时报值班主任了解是否有特殊旅客要优先候补,然后再通过候补票台进行补票。

对迟到的旅客,在其客票的背面注明迟到时间,请客人签名然后替旅客办理改签或退票手续,在不影响航班正点的前提下,可根据现场情况,经值班主任同意后办理乘机手续。

在截止办理乘机手续后,清点乘机联,准确无误后,填好业务交接单,上联交平衡人员,下联交行李装卸人员。

旅客登机完毕,值机人员上飞机与乘务人员当面交接旅客人数,待平衡人员交接完毕,飞机关上舱门后方可离岗。

工作任务解析

王先生的情况是可以乘坐飞机的。按规定,中国籍旅客可以凭居民身份证、临时身份证(临时身份证应贴有本人近期相片,写明姓名、性别、年龄、工作单位、有效日期并加盖公章)、军官证、武警警官证、士兵证、军队学员证、军队文职干部证、军队离退休干部证和军队职工证,港、澳地区居民和我国台湾同胞旅行证件乘坐飞机,王先生的临时身份证符合规定。

在为王先生办理值机手续时需要注意到两个方面:

（1）普通舱的免费行李额为20千克，王先生的行李是25千克，超重了5千克，需要交纳逾重行李费用（每千克逾重行李费用是客票填开当日普通舱票价的1.5%），且办理托运时需要检查行李，了解行李的内容是否属于行李的范围；了解行李内是否夹带禁运品、违法物品或危险品，是否有易碎易损、贵重物品或不能作为交运行李运输的物品；检查行李的包装、体积、重量是否符合要求。

（2）王先生腿部残疾，在为他安排座位时，一定要考虑到旅客座位的安排原则，特殊旅客不宜安排在紧急出口的座位。

第二节　行李托运知识

工作任务导入

旅客刘明女士想带上她的宠物狗一起乘坐航班由长沙飞往北京。她希望知道应该如何才能办理乘机手续，请为她进行讲解。刘女士的宠物狗加宠物箱一共9千克，普通舱的机票价格为1000元，刘女士能为宠物狗办理声明价值吗？

行李是指旅客在旅行中为了穿着、使用、舒适或方便的需要而携带的物品和其他个人财物。托运行李是指旅客交由承运人负责照管和运输并填开行李票的行李。行李运输的一般知识、旅客和承运人的权利及其各自的义务，是从事航空服务工作的专业人员必须掌握的基础知识。

一、行李的分类

（一）托运行李（CHECKED BAGGAGE）

托运行李是指旅客交由承运人负责照管和运输并填开行李票的行李。承运人在收运行李时，必须在客票的行李栏内填写行李的件数及重量，并发给旅客作为认领行李用的行李牌识别联。托运行李的重量每件不能超过50千克，体积每件不能超过40厘米×60厘米×100厘米。超过上述规定的行李，须事先征得承运人的同意才能托运。

（二）非托运行李（UNCHECKED BAGGAGE）

非托运行李是指经承运人同意由旅客带入机舱自行负责照管的行李。例如，一定量的食品、书报、照相机、大衣等，易碎品、贵重物品、外交信袋等特殊物品可以作为非托运行李由旅客带入客舱内。每一旅客携带非托运行李的重量一般不能超过5千克，体积每件不能超过20厘米×40厘米×55厘米，并要求能放入行李架内或座位底下，不妨碍客舱服务和旅客活动。经承运人同意的非托运行李应与托运行李合并计重后，交由旅客带入客舱自行管理。持头等舱客票的旅客，每人可随身携带10千克行李。超过上述重量、体积限制的随身携带物品，应作为托运行李托运。

（三）声明价值的行李

根据航空运输规定，旅客托运的行李在运输过程中发生损坏、灭失时，承运人按照每千克最高赔偿限额赔偿。当旅客托运行李的每千克实际价值超过承运人规定的每千克最高赔偿限额时，旅客有权要求更高的赔偿金，但必须在托运行李时办理行李声明价值，并付清声明价值附加费。办理过声明价值的行李，如在运输途中由于承运人原因造成损失，承运人应按照旅客的声明价值赔偿。

声明价值行李运输的规定如下：

（1）属于国内运输的托运行李每千克价值超过50元时或属于国际运输的托运行李每千克价值超过20美元时，可办理行李声明价值。承运人应按旅客声明价值中超过最高赔偿限额部分价值的千分之五收取声明附加费。

（2）声明价值附加费以元为单位，不足元者应近整为元。

（3）当旅客申报价值为外币，应按当日银行公布买入价折算成人民币。

（4）每一位旅客的行李声明价值最高限额为人民币8000元。行李的声明价值不得超过行李本身的价值，如承运人对声明价值有异议而旅客又拒绝接受检查时，承运人有权拒绝收运。

（5）非托运行李和小动物不办理行李声明价值。

（6）声明价值行李的计费重量为千克，不足千克者应进整。但实际重量应保留至小数点后一位。

（7）除与另一承运人有特别协议外，一般只能在同一承运人的航班上办理行李声明价值。

（8）办理声明价值的行李重量不计入免费行李额内，应另外收费。

（9）行李声明价值附加费的计算公式：声明价值附加费＝（行李声明价值－每一千克最高赔偿额×声明价值行李重量）×5‰。

（四）轻泡行李运输

（1）定义。某些行李其重量低于每千克6000厘米^3，称为低密度行李（即轻泡行李），此类行李的重量按体积重量的标准进行计算。

（2）计量方法。体积重量的计算方法如下：

① 量出货物的最大长、宽、高的尺寸。

② 进位：

如度量单位是厘米，按四舍五入的原则进行进位。

例如：40.2厘米×59.5厘米×99.7厘米＝40厘米×60厘米100厘米

③ 换算标准：6000厘米^3＝1千克。

④ 体积重量的进位按实际重量的进位方法：

例如：318.15千克 ＝ 318.5千克

　　　757.37千克 ＝ 757.5千克

⑤ 如果旅客携带多件轻泡行李，则应算出全部行李体积，再换算成体积重量。

（3）柜台操作遇有旅客携带轻泡行李，需首先计算出行李的实际体积，再按上述体积重量的计算方法核算出行李的重量，最后根据行李托运的一般规定收运。

二、对托运行李的要求

（一）托运行李的包装要求

托运行李必须包装完善、锁扣完好、捆扎牢固，能够承受一定的压力，能够在正常的操作条件下安全装卸和运输，还应符合下列条件：

（1）旅行箱、旅行袋和手提包等必须加锁。

（2）两件以上的包不可以捆为一件。

(3) 行李上不能插附其他物品。

(4) 竹篮、网兜、草绳、草袋不能作为行李的外包装物。

(5) 行李上写明旅客姓名、详细地址和电话号码等方便丢失后查找联系的资料。

(二) 对托运行李的重量及体积要求

托运行李的重量和体积规定：每一件重量不得超过50千克，体积不得超过40厘米×60厘米×100厘米。超过重量和体积的行李，必须事先经承运人同意才能托运。

(三) 免费行李额及逾重行李费的计算

1. 国内航线免费行李额

除特殊规定外，旅客规定可以享受的免费行李额：头等舱40千克，公务舱30千克，经济舱20千克。

2. 国际航线免费行李额

国际航线免费行李额分为计重免费行李额和计件免费行李额两种。

(1) 计重免费行李额。按照旅客所付的票价座位等级，每一全票或半票旅客免费行李额：头等舱40千克(88磅)，公务舱30千克(66磅)，经济舱(包括旅游折扣)20千克(44磅)，婴儿无免费行李额。

(2) 计件免费行李额。按照旅客所付的票价座位等级，每一全票或半票旅客的免费行李额为两件，每件长、宽、高之合不得超过158厘米(62吋)，每件重量不得超过32千克。但持有经济舱(包括旅游折扣)客票的旅客，其两件行李长、宽、高的总和不得超过273厘米(117吋)，婴儿无免费行李额。

3. 逾重行李

旅客的托运行李和自理行李，超过该旅客免费行李额的部分，成为逾重行李。旅客携带逾重行李乘机，应当支付逾重行李费。

(1) 逾重行李费率以每千克按逾重行李票填开当日所使用的经济舱票价的1.5%计算，金额以人民币为单位，尾数四舍五入。

(2) 逾重行李费收取时应填开逾重行李票(图3-8)。旅客可以用现金、支票、信用卡、旅费证支付逾重行李费。

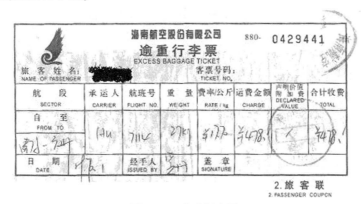

图3-8 逾重行李票

三、托运物品限制性规定

《中国民用航空安全检查规则》附件中对旅客随身携带和托运物品做出了严格规定：

附件一的内容是禁止旅客随身携带和托运的物品;附件二的内容是禁止旅客随身携带但可以作为行李托运的物品。

(一) 禁止旅客随身携带或托运的物品

1. 枪支、军用或警用械具类(含主要零部件)

(1) 军用枪、公务用枪:手枪、步枪、冲锋枪、机枪、防暴枪等。

(2) 民用枪:气枪、猎枪、运动枪、麻醉注射枪、发令枪等。

(3) 其他枪支:样品枪、道具枪等。

(4) 军械、警械:警棍、军用或警用匕首、刺刀等。

(5) 国家禁止的枪支、械具:钢珠枪、催泪枪、电击枪、电击器、防卫器等。

(6) 上述物品的仿制品。

2. 爆炸物品类

(1) 弹药:炸弹,手榴弹、照明弹、燃烧弹、烟幕弹、信号弹、催泪弹、毒气弹和子弹(空包弹、战斗弹、检验弹、教练弹)等。

(2) 爆破器材:炸药、雷管、导火索、导爆索、非电导爆系统、爆破剂等。

(3) 烟火制品:礼花弹、烟花,爆竹等。

(4) 上述物品的仿制品。

3. 管制刀具

管制刀具指1983年经国务院批准由公安部颁布实施的《对部分刀具实行管制的暂行规定》中所列出的刀具,包括匕首,三棱刀(包括机械加工用的三棱刮刀),带有自锁装置的刀具和形似匕首但长度超过匕首的单刃刀、双刃刀以及其他类似的单刃、双刃、三棱尖刀等。少数民族由于生活习惯需要佩戴和使用的藏刀、腰刀、靴刀等属于管制刀具,只允许在民族自治地方销售、使用。

4. 易燃、易爆物品

氢气、氧气、丁烷等瓶装压缩气体、液化气体;黄磷、白磷、硝化纤维(含胶片)、油纸及其制品等自燃物品;金属钾、钠,碳化钙(电石)、镁铝粉等遇水燃烧物品;汽油、煤油、柴油、苯、乙醇(酒精)、油漆、稀料、松香油等易燃液体;闪光粉、固体酒精、赛璐珞等易燃固体;过氧化钠、过氧化钾、过氧化铅、过醋酸等各种无机和有机氧化剂。

5. 毒害品

毒害品包括氰化物、剧毒农药等剧毒物品。

6. 腐蚀性物品

腐蚀性物品包括硫酸,盐酸、硝酸,有液蓄电池,氢氧化钠、氢氧化钾等。

7. 放射性物品

放射性物品包括放射性同位素等。

8. 其他危害飞行安全的物品,如可能干扰飞机上各种仪表正常工作的强磁化物、有强烈刺激性气味的物品等。

9. 国家法律法规规定的其他禁止携带、运输的物品。

(二) 禁止旅客随身携带但可以作为行李托运的物品

(1) 菜刀、剪刀、水果刀、剃刀等生活用刀。

(2) 手术刀、屠宰刀、雕刻刀等专业刀具。

(3) 文艺单位表演用的刀、矛、剑、戟等。
(4) 斧、凿、锤、锥、加重或有尖钉的手杖、铁头登山杖。
(5) 其他可用来危害航空安全的锐器、钝器。
(6) 酒类(1千克且包装完好)。

四、特殊行李的运输

(一) 小动物的收运

小动物是指家庭驯养的狗、猫、鸟或其他玩赏宠物。野生动物和具有形体怪异或易于伤人等特性的动物如蛇等,不属于小动物范围,不能作为行李运输。

旅客托运小动物必须在定座时提出,提交小动物运输申请书(表3-1),并提供动物检疫证明,经承运人同意后方可托运。旅客应在乘机的当日,按承运人指定的时间,将小动物自行运至机场办理托运手续。

表3-1 海南航空小动物运输申请书

始发地/目的地	/	日期/航班号	/
动物昵称		动物品种	
日期/联运航班号	/	/	/
托运小动物的健康状况说明			
其他说明			
重量(包括宠物箱)		费用	
协议条款			
□ 托运人(旅客)已阅读并确认,所托运小动物符合中国政府及其他相关国家关于随行李小动物运输的规定。 □ 托运人(旅客)已阅读并确认,所托运小动物符合海南航空小动物运输的适用条件。 □ 托运人(旅客)将在承运飞机值机手续办理之前,做好相关运输准备,并接受值机人员检查。 □ 托运人(旅客)对承运人(海南航空)所收取的小动物运输费用并无异议。 □ 托运人(旅客)对协议中所规定的责任划分条款并无异议。 □ 托运人(旅客)已阅读并确认运输所需要携带的证件,并将确保在运输之日前将所有证件准备完成。 □ 托运人(旅客)对于备注栏中双方约定的事项表示同意。 注:请您阅读背面内容,若托运人(旅客)对以上协议条款并无任何异议,请在各项协议条款前的方框中打勾,并在下方托运人签字栏中签字确认			
托运人(旅客)签字		托运人联系方式	
售票单位/经办人签字		售票单位咨询电话	
值机员签字		始发站装机人员签字	
到达站卸机人员签字		到达站旅客接收签字	

1. 运装小动物的容器的要求

(1) 能防止小动物破坏、逃逸和防止小动物将身体某一部分伸出容器以损伤人员、行李、货物或飞机。

(2) 能保证小动物站立和适当活动,保证空气流通,不致使小动物窒息。

(3) 能防止粪便渗溢,以免污染飞机、机上设备及其他物品。

2. 小动物运输条件

（1）旅客必须在购票时提出,并提供动物检疫证明,经承运人同意方可托运。

（2）旅客携带的小动物,必须装在货舱内运输。

（3）小动物运输不能办理声明价值。

（4）小动物及其容器和携带食物的重量,不得计算在旅客的免费行李额内,应按逾重行李交付运费。

（5）旅客应对所托运的小动物承担全部责任。在运输中除承运人原因外,出现小动物患病、受伤和死亡,承运人不承担责任。

（6）导盲犬、助听犬在符合承运人运输条件的情况下可以由盲人或聋人旅客本人带入客舱运输。在上机前,必须戴上口罩,系上牵引绳索,不得占用座位及妨碍旅客的正常旅行和客舱服务。导盲犬、助听犬连同其容器和食物可以免费运输而不计算在免费行李额内。

（7）在换登机牌的同时,办理宠物托运手续,缴纳宠物托运费。如需携带宠物出境,须具备小动物出境、入境和过境所需有效证件。不论是随身携带还是托运,怀孕的宠物是不能乘机的。

（二）外交信袋和机要文件的收运

外交信袋或机要文件应当由外交信使和机要交通员随身携带,自行照管。根据外交信使的要求,承运人也可按照托运行李办理,但承运人只承担一般托运行李的责任。

（1）携带的外交信袋或机要文件和行李,可以合并计重或计件,超过免费行李额部分,按照逾重行李的规定办理。

（2）需占用座位时,旅客必须在订座时提出,经承运人同意后,方可予以运输。

（3）占用每一座位的外交信袋的总重量不得超过75千克,每件不得超过50千克,总体积不得超过40厘米×60厘米×100厘米。占用座位的外交信袋没有免费行李额,运费按下列两种办法计算,取其高者：

① 根据占用座位的外交信袋实际重量,按照逾重行李费率计算运费。

② 根据外交信袋占用的座位数,按照运输起讫地点之间,与该外交信使所持客票舱位等级相同的票价计算运费。

（三）运动用枪支子弹的收运

（1）作为托运行李,必须在订座或购票时提出并经承运人同意后,方可办理。

（2）乘客应在乘机当日的航班离站前90分钟前将物品自行运到机场办理托运手续。

（3）要凭省、市以上体委部门出具的证明托运。

（4）应将枪支内的子弹取出,分开包装并得到承运人的认可。

（5）每位旅客限量子弹为5千克。

（6）重量不得计算在免费行李额内,应按逾重行李收费。

（7）工作人员应填写"特殊行李通知单"通知机长。

（8）在收运、装机、卸机、交付过程中,要有专人照看和监管。

（9）向经停站和到达站拍发电报。

（四）精密仪器和电器类物品的收运

（1）精密仪器、电器类物品,如乐器、电视机、音响、洗衣机、电冰箱、计算机、录像机、

VCD 机等,应作为货物运输,如作为行李运输,应经承运人事先同意。

(2) 包装必须为原出厂包装或承运人认可的包装。

(3) 其重量不得计算在免费行李额内,应按逾重行李收费。

工作任务解析

对于刘女士携带宠物狗的问题,应向刘女士介绍我国关于携带小动物上机的相关规定,并提醒刘女士宠物狗必须办理托运,且宠物狗及其容器不得计算在免费行李额当中。

刘女士携带宠物狗必须在订座时提出,并提供动物检疫证明,经承运人同意后方可托运。刘女士应在乘机的当日,按承运人指定的时间,将宠物狗自行运至机场办理托运手续。

按照规定非托运行李和小动物不办理行李声明价值,且小动物及其容器和携带食物的重量,不得计算在旅客的免费行李额内,应按逾重行李交付运费。因此,刘女士按照规定还需要为自己的宠物狗交纳一定的逾重行李费用。

(1) 逾重行李费率以每千克逾重行李票填开当日所使用的经济舱票价的 1.5% 计算,金额以人民币为单位,尾数四舍五入。

应交纳的逾重行李费:$1000 \times 1.5\% \times 9 = 135$ 元,尾数四舍五入为 140 元。

(2) 逾重行李费收取时应填开逾重行李票。旅客可以用现金、支票、信用卡、旅费证支付逾重行李费。

第三节　New APP 离港控制系统操作实务

资料链接

新一代机场旅客处理前端(New Airport Passenger Processing,New APP)系统是中国航信机场旅客服务产品中重要的组成部分。New APP 系统能够为大中型机场和航空公司提供一套从旅客值机到登机的完整旅客处理方案。New APP 系统前端的建设是中国航信离港系统开发的具有自主知识产权的服务产品,它是从专用平台向开放平台迈出的第一步,同时也为将来机场离港信息系统的整合打下了基础。

New APP 系统由操作模块、控制模块和管理模块组成。每一模块又分别含有各子模块,包括值机操作 CKI、配载 LDP、备份系统、航班控制、数据查询、数据统计和延伸服务等功能。所有这些模块都运行于开放标准的接口平台之上,同时为机场的行李分拣、安检等系统提供接口,为机场的整体信息系统提供集成服务。

与传统的值机前端相比,除了丰富的值机、登机等功能,New APP 系统还具有以下明显的优势:

New APP 系统在机场设置的本地数据库,是构建统一的机场信息平台的最准确、最完整的数据来源,能够实现值机、安检、登机等流程的信息集成;

New APP 系统内含基于本地数据来源的备份模块,能够在与主机系统连接异常时依

然正常办理值机、航班控制等操作,最大限度保障了机场和航空公司的安全运营;

依托中国航信离港主机资源,New APP 系统的本地数据能够超越单纯的"本地离港"模式,可以实现全国范围的网络连接和数据共享,能为航空公司建立全国范围的运营数据统计分析系统并提供完备的数据支持;

New APP 系统是建立在开放技术上的,易于维护和升级,能支持各种新兴的业务,如电子客票 ET、预报旅客信息 API 等;

New APP 系统能够为全面的运营信息管理提供完备的数据服务,为运营管理提供决策参考;

友好的交互界面、快捷的旅客处理模式,可大大节省培训成本,减少操作失误。

一、New APP 系统模块

如图 3-9 所示,New APP 系统由以下模块构成。

(1) 值机系统。该系统能完成旅客值机的各项功能需求,是 New APP 系统的核心功能模块。

(2) 登机控制系统。该系统支持旅客登机/拉下和数据统计报表等操作。

(3) 登机监控系统。该系统实时监控每一个使用 New APP 前端的登机口运行情况。

(4) 本地航班控制模块。该模块实现航班转本地备份的操作,以及针对本地航班进行的座位控制、航班修改、换飞机等控制功能。

(5) CBI 通用行李接口。该接口为行李分拣系统提供标准接口。

(6) 同步模块。该模块连接 New APP 系统与主机,通过特定报文保障数据一致性。

(7) 中间件。系统采用 Tuxedo 中间件来完成各种事务交易和消息传递处理。

(8) 数据库。报文分拆解析之后,所有的航班和旅客数据存放在数据库中,构成 New APP 系统显示提取和本地备份,以及统计分析的重要数据来源。目前主要支持的是 Oracle 数据库。

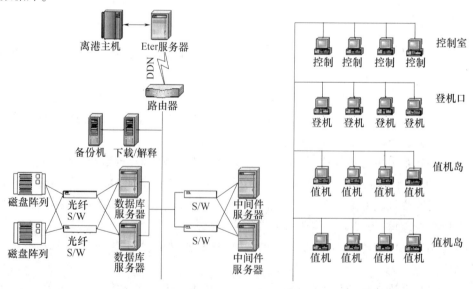

图 3-9 New APP 系统模块构成

二、New APP 系统操作简介

1. 常用功能键

常用功能键包括：

F1 帮助

F2 全部旅客列表

F3 已/未值机旅客列表

F4 JFL 信息

F5 刷新

F6 座位图/主机回显切换

F7 重打行李牌

F8 重打登机牌

F9 修改/预接收旅客

F10 自由格式输入

F11 SY 信息

F12 无订座旅客接收

Ctrl + F10 释放行李牌

Ctrl + F11 释放登机牌

2. 显示及旅客提取

(1) 选择航班，提取 PNR 信息。如图 3－10 所示，界面显示已经办理值机手续旅客信息，圆圈标示 ET 为电子客票旅客。

已经办理值机手续旅客信息－（共有6+0位）（已登机人数2+0位）

状态	操作员	登机号	旅客姓名	ICS	团队	舱位	座位	目的地	行李/重量	旅客证件信息	ET	备注
AC	815	6	陈瑾	BDTM3		E	25C	SHA		NI51584184185144874841	ET	
AC	815	5	程虎	LG19H		X	25B	SHA		NI65536	ET	
AC	815	4	蔡高中	KJ5E2		E	25A	SHA		NI565645	ET	
AC	815	3	陈诚	CHHBW		E	25D	SHA		NI0407440002(0)		FF

图 3－10　PNR 信息显示界面

(2) 旅客提取。旅客提取引导符：

+BN　=；　登机号

+GR　=　/　团队名

+ SN　=　\　座位号、舱位

+ BT　　行李号

+ AG　　值机员号

－　　ICS/CRS 记录编号

+ NI　　身份证号（“ +PP”，“ +ID”，“ +TN”）

+ ETT　　提取所有电子客票旅客

+ INF　　提取所有大婴儿的旅客

+ CHD　　提取所有儿童的旅客

+ INB　　提取所有普通进港联程的旅客

+ OUB　　提取所有普通出港联程的旅客

+ EDI   提取所有 EDI 进港联程的旅客
+ EDO   提取所有 EDI 出港联程旅客
+ VIP   提取所有 VIP 旅客

3. 接收旅客

(1) 普通旅客接收。在确认空格选中一名或多名旅客后,回车确定。

(2) 旅客信息编辑。如图 3-11 所示,Tab 键进入旅客列表中,可以更改旅客性别,添加/修改常旅客号(直接输入数字即可)。不同旅客的信息单元格可以使用上下左右键、Tab 键或者 Alt + 序号来切换。

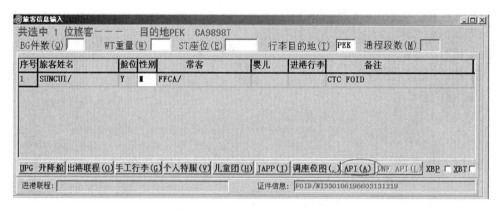

图 3-11　旅客信息输入界面

系统默认性别为 M 男性,如果需要可以改成 F 女性;

如果旅客是儿童,需要将默认的性别 M 标志改成 C;

如果该旅客带有婴儿,只需要在性别栏里输入 MI(或 FI),光标会自动进入婴儿输入窗口,输入婴儿姓名,Tab 键回到常客输入区。

(3) 旅客接收高级操作。如图 3-12 所示,可对旅客升降舱进行操作,或添加手工处理等。信息编辑操作如下:

升降舱(Alt + U)

添加手工行李(Alt + G)

改儿童团(Alt + H)

不打印登机牌 XBP(Alt + P)

不打印行李牌 XBT(Alt + T)

切换座位图/刷新(Alt + .)

图 3-12　旅客接收高级操作界面

（4）座位图显示。如图3-13所示,为某位旅客安排座位,通过选择航程来显示座位图,在座位图中进行选择座位。

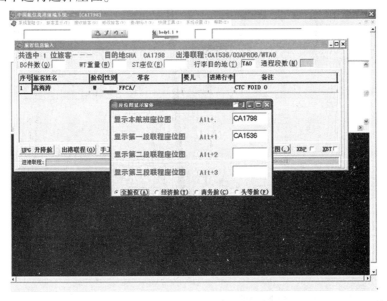

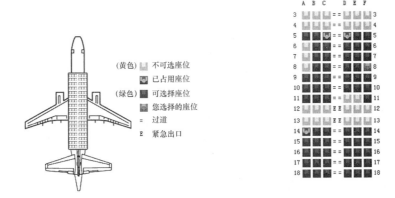

图3-13 显示座位图界面

（5）超大团队接收。如图3-14所示,接收超大团队,系统按照主机接收人数和所组指令最大长度的限制,自动分批次发送指令,每一次发送指令前给出提示。

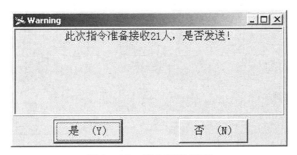

图3-14 接收团队界面

(6) 添加无订座记录旅客(F12)。如图 3 – 15 所示,如旅客无订座记录,在此界面进行添加。

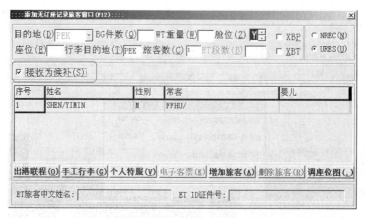

图 3 – 15　添加无订座记录旅客界面

(7) 添加个人特服信息(Alt + V)。如图 3 – 16 所示,如客人有特殊服务申请,在此界面添加。

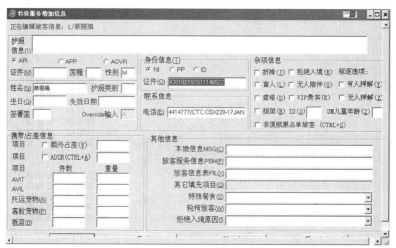

图 3 – 16　添加个人特服信息界面

(8) 基本 API 信息的输入。如图 3 – 17 所示,在此界面输入旅客 API 信息。

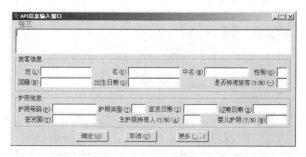

图 3 – 17　API 信息输入界面

(9) 详细 API 信息的输入。如图 3-18 所示,在此界面输入详细 API 信息。

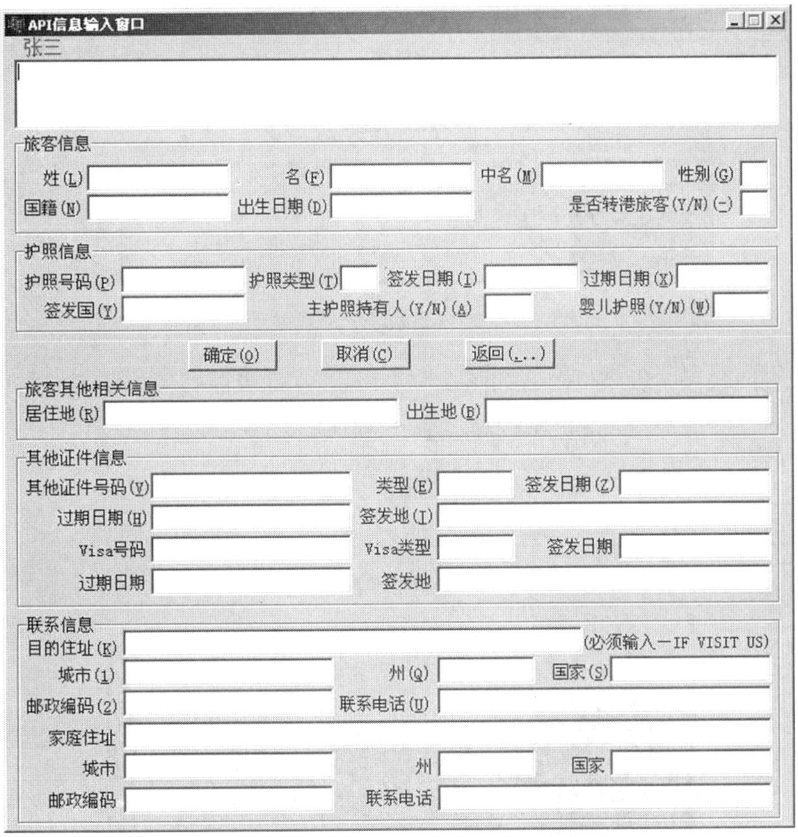

图 3-18 详细 API 信息输入界面

(10) 出港联程。如图 3-19 所示,系统自动显示旅客联程信息,行李目的地默认为最远联程航站,快捷键 Alt+T 更改行李目的地。

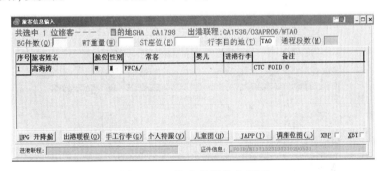

图 3-19 旅客联程信息界面

如图 3-20 所示,如果需要办理通程值机(在始发站机场办理好后续航班登机牌),用快捷键 Alt+M 进入通程段数编辑框,输入通程段数数字。目前,通程值机支持 4 段(包括本航段);如果有多段联程,且需要编辑、查看详细的联程信息,使用快捷键 Alt+O 手工添加出港联程航班记录,填入航班号、舱位、起始站、目的站和空格勾选上 URES 标识。

67

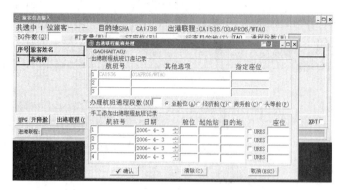

图 3-20　通程值机联程航班处理界面

（11）查询联程航班座位图。如图 3-21 所示，在此界面查询旅客联程航班座位。

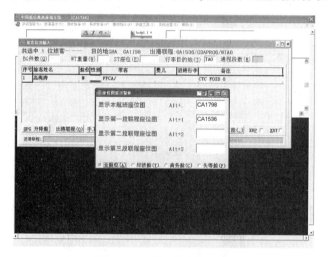

图 3-21　联程航班座位图

（12）删除旅客联程信息。如图 3-22 所示，如果旅客想更改联程航班信息，用快捷键 Ctrl + Alt + O 来删除自带的联程信息，然后再添加新的联程航班信息。

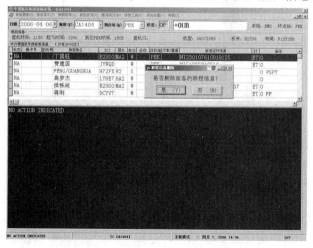

图 3-22　联程信息删除界面

4. 修改/删除旅客

（1）查看旅客详细信息。如图 3 – 23 所示，在旅客列表中空格选中旅客，用快捷键 Ctrl + P，可以从主机回显区域看到所选旅客的详细信息。

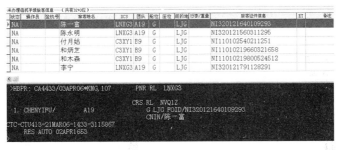

图 3 – 23　旅客信息回显

（2）单个旅客预接收/修改 F9。如图 3 – 24 所示，对旅客信息进行修改或删除。

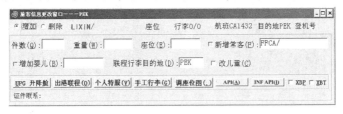

图 3 – 24　旅客信息修改

（3）删除行李 Alt + B。如图 3 – 25 所示，对旅客行李进行删除。

图 3 – 25　删除行李

5. 其他操作

（1）航班结载 Ctrl + I。
（2）修改刚刚接收的旅客 Ctrl + R。
（3）删除旅客 Ctrl + Del。

6. 查询/统计

（1）未登机旅客显示 Ctrl + Y。如图 3 – 26 所示，显示未登机旅客信息。

图 3-26 未登机旅客显示

(2) 已登机旅客显示 Ctrl + J。如图 3-27 所示,显示已登机旅客信息。

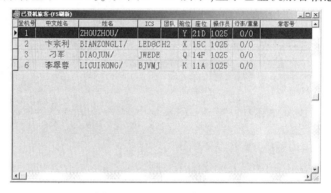

图 3-27 已登机旅客显示

(3) 模糊匹配查询旅客。如图 3-28 所示,使用模糊匹配查询旅客信息。

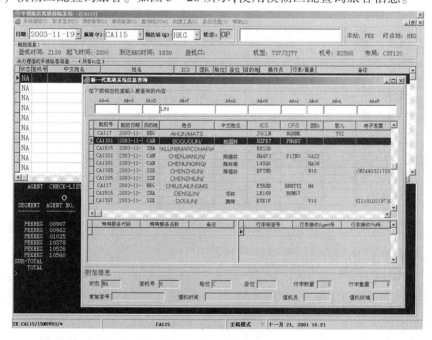

图 3-28 模糊查询

(4) 进出港旅客显示。如图 3-29 所示,对进出港旅客进行查询。

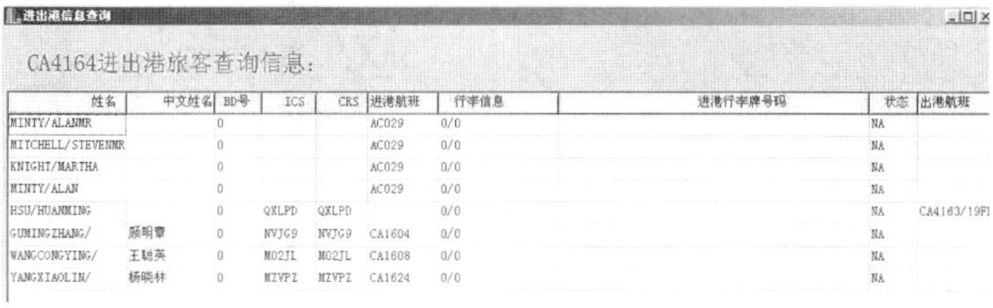

图 3-29 进出港旅客查询

(5) 值机人员办理情况统计 Ctrl + Alt + Z。如图 3-30 所示,值机人员可对办理情况进行统计。

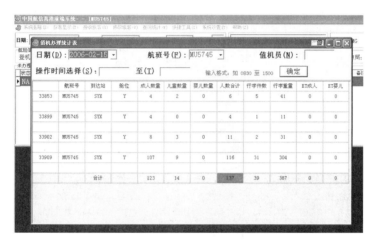

图 3-30 值机统计

(6) 值机人员工作量统计 Ctrl + Alt + A。如图 3-31 所示,也可以统计某位值机人员办理值机旅客和行李的数量。

图 3-31 工作量统计

(7) 特殊服务查询 Ctrl + Alt + B。如图 3-32 所示,可查询某次航班上申请某项特殊服务的旅客信息。

图 3-32　特殊服务查询(1)

(8) 特殊服务查询 Ctrl + Alt + T。如图 3-33 所示，可查询某个时间段内所有航班中申请某项特殊服务的旅客信息。

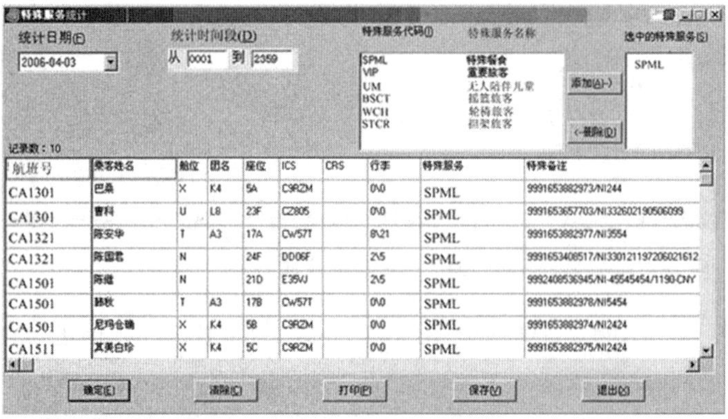

图 3-33　特殊服务查询(2)

(9) 旅客舱单统计 Ctrl + Alt + V。如图 3-34 所示，显示某航班旅客舱单统计信息。

图 3-34　旅客舱单统计

（10）按号段统计办理情况 Ctrl + B。如图 3 - 35 所示，显示 AGENT 号办理统计情况。

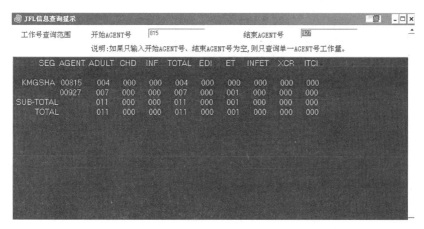

图 3 - 35　统计办理情况

7．提醒功能

（1）航班备注信息提醒。如图 3 - 36 所示，在主菜单"快捷工具"里选择"添加备注信息"，或快捷键 Ctrl + M。

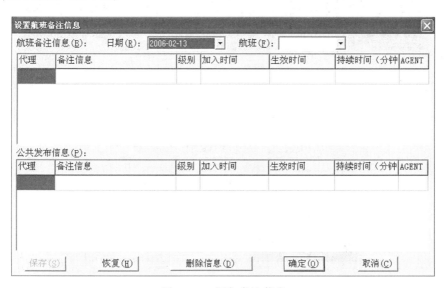

图 3 - 36　添加备注信息

（2）滚动显示航班备注。如图 3 - 37 所示，Ctrl + U 设置滚动显示航班备注。

（3）F10 自由格式输入。如图 3 - 38 所示，F10 切换自由格式输入。

8．电子客票专题

（1）电子客票显示。如图 3 - 39 所示，显示持电子客票旅客信息。

（2）查看电子客票旅客 Ctrl + E。如图 3 - 40 所示，通过输入记录编号、电子票号、旅客姓名或身份证号码来查询电子客票记录。

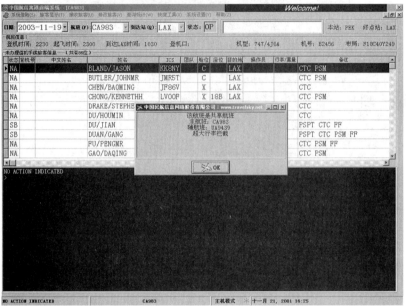

图 3-37　滚动显示航班备注

图 3-38　指令输入

(3) 电子客票候补接收。如图 3-41 所示,对电子客票进行候补接收,进行以下操作:

① F12 调出添加无订座记录旅客窗口;

② ALT＋K,输入电子客票信息查询;

③ 核对票面信息无误后,回车确认;

④ 电子客票旅客姓名、身份证号自动填入;

⑤ 输入旅客拼音姓名、ET 航段、舱位信息。

学习单元三　值机服务及行李托运服务

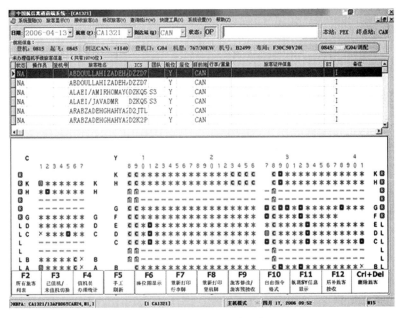

图 3-39　电子客票显示

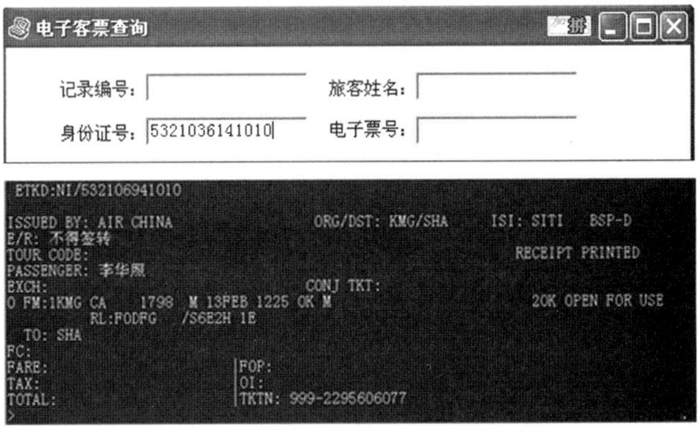

图 3-40　电子客票查询回显

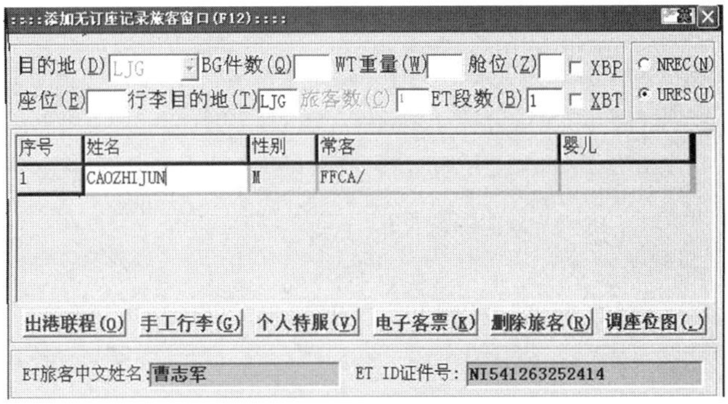

图 3-41　电子客票候补接收

75

单元小结

值机的工作内容包括办理乘机手续、办理行李托运、查验旅客机票和身份证件、回答问讯、特殊旅客保障服务、拍发业务电报等。值机人员应按照规定程序为旅客办理值机手续,打印登机牌,托运行李,拴挂行李牌,也要熟练完成系统操作。

模拟操作练习

根据本章内容提供1~2个工作任务,供学员进行模拟操作。

工作任务1:乘机手续办理。

任务描述:请一部分学员分别扮演16岁以下学生、外国人、台胞,另一部分学员扮演值机人员,完成值机手续。

任务目标:让学员了解值机工作的性质,学会运用所学知识。

任务要求:能了解不同类型旅客乘机的有效证件,能妥善地为旅客安排座位,准确地收运行李,并能正确填开登机牌。

工作任务2:根据要求写出值机柜台使用ETERM系统办理乘机手续的指令。

航班号MF8546,航班日期为当日,航程杭州经西安至兰州,已在系统中默认航班。旅客彭涛,ET票面状态为OPEN FOR USE,航段序号为1,航位为V舱,航程杭州至西安,候补接收到本航班。

学习单元四　民航安检服务

学习内容

安检服务十分必要,它是民航企业提供高质量旅客服务最重要的基础。安检服务的根本目的是防止机场和飞机遭到袭击,防止运输危险品引起的事故,确保乘客的人身和财产安全。本单元主要内容是民航安检的规章制度,特别是《中国民用航空安全检查规则》;有效证件的种类;人身检查的岗位设置与职责;物品检查的范围和禁止携带的物品种类;飞机与隔离区监护知识。

学习目标

(1) 掌握检查证件的程序与方法。
(2) 掌握人身检查的要领、程序和方法。
(3) 掌握物品检查的方法。

第一节　民航安全技术检查基本知识

一、安检的定义、目的及任务

安检是安全技术检查的简称,它是指在民航机场实施的为防止劫(炸)机和其他危害航空安全事件的发生,保障旅客、机组人员和飞机安全而采取的一种强制性的技术性检查。

安检服务十分必要,它是民航企业提供高质量旅客服务最重要的基础。

安检服务的根本目的是防止机场和飞机遭到袭击,防止运输危险品引起的事故,确保乘客的人身和财产安全。

安全检查的对象是所有乘坐民航班机的旅客及其行李物品和空运货物、邮件。

安全检查的目标是发现一切可用作劫、炸机的危险品和违禁物品。

安全技术检查工作任务包括:对乘坐民用航空器的旅客及其行李,进入航站楼隔离区的其他人员及其物品以及空运货物、邮件的安全检查;对航站楼隔离区内的人员、物品进行安全监控;对执行飞行任务的民用航空器实施监护。

二、民航安检的相关法规

(一) 有关航空安全保卫的国际公约

1.《芝加哥公约》

国际民用航空公约(The International Civil Aviation Covenant)习惯称《芝加哥公约》,

是有关国际民用航空在政治、经济、技术等方面问题的国际公约。国际民用航空公约是1944年12月7日在芝加哥召开的国际民用航空会议上签订的有关民航的公约。1947年4月4日起生效,是国际航空公法的基础和宪章性文件。鉴于目前已有150多个国家批准加入了这个公约,它制定的法律原则和规则已具有普遍国际法效力。

2.《东京公约》

《东京公约》1963年9月14日在日本东京签订,全称为《关于航空器内的犯罪和犯有某些其他行为的公约》。公约签订的目的在于维护国际民用航空活动的有序进行、加强民用航空交流与合作、制止民用航空犯罪行为,推动国际民用航空事业的发展。我国于1978年11月14日加入该公约。

《东京公约》供分7章26条,其中主要内容有:

第一章,公约的范围。本章规定了民用航空犯罪的定义及公约的适用范围。

第二章,管辖权。本章规定了民用航空犯罪管辖权的原则及确认。

第三章,机长的权利。本章规定了民用航空器内出现犯罪时机长的权利和责任。

第四章,非法劫持航空器。本章规定了航空器遇劫时的处理。

第五章,国家的权利和义务。本章规定了缔约国对于民用航空犯罪行为所拥有的权利和应负的义务,重点是关于罪犯的引渡以及刑事追诉等问题。

第六章,其他规定。本章是对以上规定的部分内容做的补充。

第七章,最后条款。本章规定了公约的生效、加入、退出、保存等方面的内容。

3.《海牙公约》

《海牙公约》1970年12月16日在海牙签订,全称为《关于制止非法劫持航空器的公约》,对共同打击非法劫机犯罪活动达成协议。我国于1980年8月10日申请加入,同年10月10日对我国生效。

《海牙公约》共有十四条,主要规定了非法劫持民用航空器犯罪行为的定义、对非法劫持航空器犯罪的管辖权、引渡、刑事诉讼及缔约各国的权利和义务。

4.《蒙特利尔公约》

《蒙特利尔公约》1971年9月23日在加拿大蒙特利尔签订,全称为《关于制止危害民用航空安全的非法行为的公约》,对共同制止和打击危害航空运输及旅客安全的非法行为制定了更为详细的规定。我国于1980年8月10日申请加入,同年10月10日对我国生效。

《蒙特利尔公约》共16条,其内容体系与《海牙公约》相似,主要内容也是关于航空犯罪的定义、管辖权、刑事诉讼等方面的规定,该公约对航空犯罪的定义和范围比以前更详细。

(二)《中华人民共和国民用航空法》

《中华人民共和国民用航空法》于1995年10月30日经第八届全国人大常委会第16次会议审议通过。这是建国以来第一部规范民用航空活动的法律,是我国民用航空发展史上的一件大事。《民用航空法》的颁布,对维护国家的领空主权和民用航空权利,保障民用航空活动安全和有秩序地进行,保护民用航空活动当事人各方的合法权益,促进民用航空事业的发展,提供了强有力的法律保障。《中华人民共和国民用航空法》共有16章节,214条款。

(三)《中华人民共和国民用航空安全保卫条例》

《中华人民共和国民用航空安全保卫条例》是为了防止对民用航空活动的非法干扰,维护民用航空秩序,保障民用航空安全制定的条例,于1996年7月6日中华人民共和国国务院令第201号发布。

(四)《中国民用航空安全检查规则》

《中国民用航空安全检查规则》(简称《规则》)已经1999年5月14日中国民用航空总局局务会议通过,自1999年6月1日起施行。

民用航空安全检查部门(以下简称安检部门),依照有关法律、法规和《规则》,通过实施安全检查工作(以下简称安检工作),防止危及航空安全的危险品、违禁品进入民用航空器,保障民用航空器及其所载人员、财产的安全。

安检工作包括:对乘坐民用航空器的旅客及其行李、进入候机隔离区的其他人员及其物品,以及空运货物、邮件的安全检查;对候机隔离区内的人员、物品进行安全监控;对执行飞行任务的民用航空器实施监护。

民航公安机关对安检部门的业务工作进行统一管理和检查、监督,从事民用航空活动的单位和人员应当配合安检部门开展工作,共同维护民用航空安全。

安检部门发现有本规则规定的危及民用航空安全行为的,应当予以制止并交由民航公安机关审查处理。

乘坐民用航空器的旅客及其行李,以及进入候机隔离区或民用航空器的其他人员和物品,必须接受安全检查;但是,国务院规定免检的除外。

(五)《中国民用航空危险品运输管理规定》

2004年7月12日,中国民用航空总局令第121号发布:为了加强民用航空危险品运输管理,保障飞行安全,根据《中华人民共和国民用航空法》和《国务院对确需保留的行政审批项目设定行政许可的决定》(国务院令第412号),制定《中国民用航空危险品运输管理规定》(CCAR-276),于2004年5月24日中国民用航空总局局务会议通过,自2004年9月1日起施行。

三、安检部门及其人员

设立安检部门应当经中国民用航空总局(以下简称民航总局)审核同意并颁发《民用航空安全检查许可证》;民航地区管理局在民航总局授权范围内行使审核权。申请设立安检部门的单位应当向民航总局提出书面申请。

从事安检工作的人员应当符合相关条件。安检人员实行岗位证书制度。如图4-1所示,安检人员执勤时应当着制式服装,佩戴专门标志,服装样式和标志由民航总局统一规定。

执勤时,应当遵守安检职业道德规范和各项工作制度,不得从事与安检工作无关的活动。在高寒、高温、高噪声条件下从事工作的安检人员,享受相应的补助、津贴和劳动保护。在X射线区域工作的安检人员应当得到下列健康保护:

(1) 每年到指定医院进行体检并建立健康状况档案;
(2) 每年享有不少于两周的疗养休假;
(3) 按民航总局规定发给工种补助费;
(4) 女工怀孕和哺乳期间应当合理安排工作,避免在X射线区域工作。

图 4-1 安检人员制服

(5) X 射线安全检查仪操作检查员连续操机工作时间不得超过 40 分钟,每天累计不得超过 6 小时。

第二节 机场运行保安服务

一、机场运行条件

机场根据年旅客吞吐量以及受威胁程度划分安全保卫等级,实行分级管理:
(1) 特别繁忙机场。指旅客吞吐量大于或等于 2000 万人次的机场。
(2) 繁忙机场。指旅客吞吐量 500~2000 万人次的机场。
(3) 比较繁忙机场。指旅客吞吐量 100~500 万人次的机场。
(4) 不繁忙机场。指旅客吞吐量 10~100 万人次的机场。
(5) 很不繁忙机场。指旅客吞吐量 10 万人次以下的机场。

机场的开放使用,应当具备一定的安全保卫条件,包括:设有机场控制区以及符合标准的防护围栏、巡逻通道;派驻有机场公安机构,并配备与机场运输量相适应的人员和装备;设有独立的航空安全保卫机构,并配备与机场运输量相适应的人员和设备;设有安全检查机构,并配备与机场运输量相适应的人员和设备;设有专职消防组织,并按照机场消防等级配备人员和设备;制订有航空保安应急处置预案,并配备必要的设施设备。

二、机场控制区的划分

机场控制区是在机场内根据安保需要划定的进出受到管制的区域。机场控制区管理规定和设施设备标准由航空保安主管部门制定。机场管理机构应当按照规定,会同相关部门确定其运行活动对民用航空的持续安全至关重要的区域,将其划定为机场控制区,并报民航地区管理局公安局备案。

机场控制区根据安全保卫需要,划分为航空器活动区、候机隔离区、行李分拣装卸区、货物存放区、航空器维修区等。

（1）航空器活动区。指机场内用于航空器起飞、着陆和滑行的部分以及与此有关的地面活动区域内标定的供人员、车辆通行的场地，包括机动区、停机坪和服务道。

（2）候机隔离区。指在候机楼内划定的供已经安全检查的出港旅客等待登机的区域以及登机通道、摆渡车等，即安全检查点与航空器之间的一切旅客离港区域。

（3）行李领取区。指候机楼内入港行李等待旅客领取的区域。

（4）国际联检区。指候机楼内海关、边检、检验检疫、口岸签证等单位联合检查的区域，包括国际出发、抵达联检区域。

（5）行李/货物分拣装卸区。指将进出港行李/货物按航班进行分拣、装卸的区域。

（6）执行航班任务的航空器，包括客舱和货舱。

（7）货物存放区。指已经安全检查的出港货物分拣等待装机以及入港货物分拣等待领取的货物存放作业区域。

（8）航空器维修区。指为航空器维修提供的所有区域或设施，包括停机坪、机库、建筑物、车间、停车场以及与其相关的道路。

机场控制区应当有严密的安保措施，实行封闭式分区管理。从航空器维修区、货物存放区通向其他控制区的道口，应当采取相应的保安控制措施。机场应当设置受到非法干扰威胁的航空器隔离停放区。

三、机场控制区的保安控制

机场管理机构应当保持机场控制区防护围栏处于持续良好状态，并且符合（MH/T7003）《民用航空运输机场安全保卫设施》的要求。机场管理机构应当配备相应人员加强对防护围栏的巡逻，及时发现并消除安全隐患。

进出机场控制区的道口数量应当尽量减少，道口应当具有与防护围栏同等隔离效果的设施保护。进出机场控制区道口的安全检查应当符合航空保安主管部门的相关规定。

（一）机场控制区人员通行证件

机场控制区应当实行通行管制，进入机场控制区的人员、车辆应当持有机场控制区通行证件。

民用航空监察员凭航空保安主管部门颁发的通行证件进入机场控制区（图4-2）。

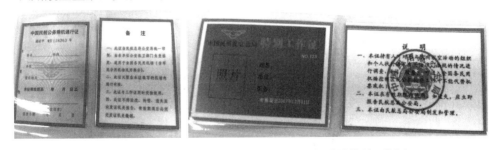

图4-2　中国民航公务乘机通行证、中国民航总局特别工作证

空勤人员执行飞行任务时凭空勤登机证进入机场控制区（图4-3）。

如图4-4所示，机场控制区人员通行证应包括的要素：持证人近期照片，有效起止日期，可进入的控制区区域，持证人姓名，持证人单位，证件编号，发证机构，防伪标识等其他技术要求。

图 4-3 空勤人员登机证

图 4-4 机场临时通行证(正、反)

申办机场控制区人员通行证,应当同时具备条件:确需进入机场控制区工作;通过背景调查;由所在单位提出书面申请。

申办控制区通行证件人员应当通过证件使用和管理的培训。对因工作需要一次性进入机场控制区的人员,凭驻场接待单位出具的证明信,经发证机构审查合格后为其办理一次性通行证件。

(二) 机场控制区车辆通行证件

因工作需要进入机场航空器活动区的,应当申办机场控制区车辆通行证。如图 4-5 所示,机场控制区车辆通行证应包括的要素有车辆类型及牌号、有效起止日期、可进入的控制区区域、准许通行的道口、车辆使用单位、证件编号、发证机构和其他技术要求。

图 4-5 机场控制区车辆通行证

机场控制区人员、车辆通行证制作应符合有关制作技术标准。

机场控制区人员通行证使用期限一般不超过 2 年,车辆通行证使用期限一般不超过 3 年。发证机构应当按照航空保安主管部门的有关规定对办证申请进行审核,严格控制证件发放范围和数量,防止无关人员、车辆进入机场控制区。

（三）机场控制区通行管制

机场管理机构应当制定措施和程序，并配备符合标准的人员和设施设备，对进入机场控制区的人员、车辆进行安全检查，防止未经许可的人员、车辆进入。

乘机旅客应当通过安全检查通道进入指定的区域候机和登机。

工作人员进入机场控制区应当佩戴机场控制区通行证件，经过核对及安全检查，方能进入指定的控制区域。

持一次性机场控制区通行证的人员，应当在发证机构授权人员引领下进入机场控制区。

车辆进入机场控制区应当停车接受通道口值守人员对驾驶员、搭乘人员和车辆证件及所载物品的检查。机场控制区车辆通行证应当置于车辆明显位置。进入机场控制区的车辆应当由合格的驾驶员驾驶，在机场控制区内行驶的车辆应当按照划定的路线行驶，在划定的位置停放。

运输航空配餐和机上供应品的车辆进入机场控制区应当全程签封，道口安检人员应当查验签封是否完整。

对进入机场控制区的工具、物料和器材应当实施保安控制措施。道口和安检通道值守人员应当对工作人员进出机场控制区所携带的工具、物料和器材进行检查、核对和登记。工具、物料和器材使用单位应当明确专人负责该器材在机场控制区内的监管。

四、候机隔离区的保安控制

候机隔离区应封闭管理，凡与非隔离区相毗邻的门、窗、通道等部位，应采取有效的隔离措施。

机场应当配备与旅客吞吐量相适应的安检通道及安检人员和设备，确保所有进入候机隔离区的人员及物品经过安全检查。

机场应当建立符合标准的安检信息管理系统，及时收集、存储旅客安检信息。

已经安全检查的人员离开候机隔离区再次进入的，应当重新接受安全检查。

已经安全检查和未经安全检查的人员不得相混或接触，如发生相混或接触，机场管理机构应采取以下措施：

（1）对相应隔离区进行清场和检查；

（2）对相应出港旅客及其手提行李再次安全检查；

（3）如旅客已进入航空器，应当对该航空器客舱进行检查。

机场管理机构应当采取措施，确保过站和转机旅客受到有效的保安控制。

机场管理机构应当制定程序，确保乘坐入境航班在境内机场过站或转机的旅客及其行李，在未重新进行安全检查前，不与其他出港旅客接触。但是，与中国签订互认航空保安标准条款的除外。

五、航空器在地面的保安控制

航空器在地面的安全保卫应当明确划分责任，并分别在机场、公共航空运输企业安保方案中列明。执行航班飞行任务的民用航空器在机坪短暂停留期间，由机场管理机构负责监护。

航空器在机场过夜或超过4小时停留的，应当由专人守护。

航空器监护人员接收和移交监护任务时，应当与机务人员办理交接手续，填写记录，双方签字。

航空器停放区域应当有充足的照明,以确保守护人员及巡逻人员能够及时发现未经授权的非法接触。隔离的航空器停放位置的照明应当充足且不间断。

当发生下列情况时,机场管理机构应组织机场公安、安检等相关部门对航空器进行保安搜查:

(1)航空器停场期间被非法接触;

(2)有合理理由怀疑该航空器在机场被放置违禁物品或者爆炸装置;

(3)其他需要进行保安搜查的情形。

六、导航设施和其他要害部位的保安控制

机场或与机场有关的设施和部位应划定为要害部位,并实施相应的保安控制:塔台、区域管制中心;导航设施;机场供油设施;机场主备用电源;其他如遭受破坏将对机场功能产生重大损害的设施和部位。

七、机场非控制区的保安控制

机场公安机关应当保持足够的警力在机场航站楼、停车场等公共区域巡逻。

航站楼前人行道应设置相应的安全防护设施,防止车辆冲击航站楼。

航站楼内售票柜台及其他办理登机手续的设施,其结构应能防止旅客和公众进入工作区。所有客票和登机牌、行李标牌等应采取保安控制,防止被盗或滥用。

航站楼广播、电视系统应定时通告,告知旅客和公众应遵守的基本保安事项及程序。在航站楼内、售票处、办理乘机手续柜台、安检通道等位置应当设置适当的保安告示牌。

设在航站楼内的小件物品寄存场所,其寄存的物品应当经过安全检查。

无人看管行李、无人认领行李和错运行李应存放在机场的指定区域,并采取相应的保安管制措施。

机场管理机构应当对保洁员等航站楼内工作人员进行培训,制定对航站楼内卫生间、垃圾箱等隐蔽部位的检查措施以及发现可疑物品的报告程序。

机场管理机构应当组织制定对航站楼、停车场等公共区域发现的无主可疑物或可疑车辆的处置程序并配备相应的防爆设备。

航站楼地下不得设置公共停车场;航站楼地下已设有公共停车场的,应在入口处配置爆炸物探测设备,对进入车辆进行安全检查。

机场要客服务区域应当采取适当的保安措施,防止未经授权人员进入。

机场非控制区可以俯视航空器、安检现场的区域,应当采取以下措施:

(1)配备相应的视频监控系统,并适时有人员巡查;

(2)设置物理隔离措施,防止未经许可进入或者向停放的航空器或保安控制区域投掷物体;

(3)对可以观看到安全检查现场的区域应当采取非透明隔离措施。

第三节 安全技术检查操作实务

工作任务导入

陈小姐乘坐北京至莫斯科的航班,时值寒冬,她穿着厚棉衣和靴子,并且还随身携带了常用的化妆品、眼药水等。她在通过安检时,需要注意哪些事项?作为安检员,需要检查的重点是什么?

一、安检流程

"9·11"事件后,安检服务在全世界范围内都得到了进一步的重视和提高。安检服务包括证件检查、人身检查、物品检查以及飞机与隔离区监护。所有安检人员必须熟悉安检工作的基本程序,明确岗位职责要求。如图4-6所示,旅客安检先后需要进行证件检查,随身携带行李通过X射线机检查,旅客通过安检门接受人身检查,如安检门报警需要接受复查。具体安检流程如图4-7所示。

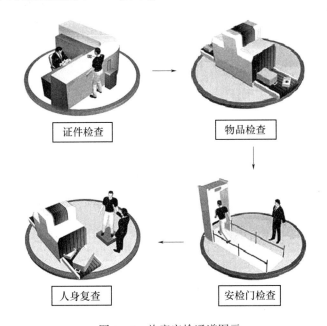

图4-6 旅客安检通道图示

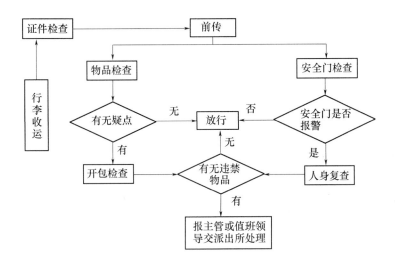

图4-7 旅客安检详细流程

（一）岗前准备

上岗前，应先做好准备工作。队员上岗前与上一班队员进行交接，查看执勤记录本，了解上班次是否有突发事件，了解处理情况及是否有移交事项。

（1）检查 X 射线机的外壳面板、显示器、键盘及电缆是否完好(如有损坏，严禁开机，并且应当拔出电源插头使其与主电源断开)。

（2）检查 X 射线机通道入口及出口处的铅防护帘(不可使用铅防护帘缺损的 X 射线机)。

（3）检查 X 射线机的传送带是否有磨损或脏物。开机前必须将脏物清除(如果传送带严重磨损尤其是边缘的磨损，会导致 X 射线机损坏)。

（4）检查完毕，打开 X 射线机，并输入注册识别码进行上机操作(每位队员一个注册识别码)。

（5）检查安检门外壳面板是否有损坏，电源插头及电缆是否完好；安检指示灯是否正常工作，安检灵敏度是否达到正常工作要求。

（6）检查金属探测仪电源是否充足，外壳是否有破损，安检灵敏度是否达到工作要求。

（7）检查执勤记录本是否有损坏，记录情况是否详细、规范。

（二）检查实施

如图 4-8 所示，安检门和 X 射线机之间放置一张小桌，用于放置被检人员随身的小件物品(如钥匙、硬币等)，最好备有一两个小篮子盛放小件物品以免互相拿错。

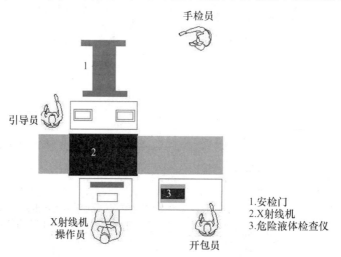

图 4-8 安检设备摆放和人员站位示意图

引导员负责提醒过检人将随身包裹放到 X 射线机传送带上过检，并取出随身小件金属物品放入篮中后按秩序通过安检门。手工检查确认篮中物品没有违禁物品，或直接将小篮放到 X 射线机传送带上过检。

如有条件，X 射线机应配备几个塑料盛物篮筐，将被检物品放入篮筐后再过机检查，以免被检物品因刮蹭损坏。

手检员面对或侧对安全门站立，注意观察安全门报警情况及动态，确定重点手检对象。手检应本着男不查女的原则进行。

执机员负责X射线机的图像识别,发现可疑物品时,示意后传员实施开包检查。

开包员注意聆听X射线机操作员的提示或注意观察X射线机开包检查指示灯,随时准备开包检查。

如图4-9所示,被检人将随身携带的包裹等放到X射线机的传送带上接受检查。

被检人将身上的小件金属物品如钥匙、硬币等取出放入安全门旁小桌上的小篮筐内,后依次通过安检门。随身携带液体的容器交开包员使用危险液体检查仪进行检查。

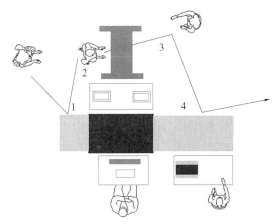

图4-9 受检旅客站位示意图

放入篮中的物品,应通过X射线机进行检查,不便进行X射线机检查的物品要注意采用摸、掂、试等方法检查是否藏匿违禁物品。

如安检门无报警发生,被检人取回篮筐内的物品前往X射线机出口滑板端等待过机包裹。

如X射线机过机包裹正常,被检人可取出被检包裹进入管制区域。

二、安检各工作岗位职责

安全检查工作岗位包括基础岗位、验证检查岗位、人身检查岗位、X射线机操作岗位以及开箱(包)检查岗位。其中基础岗位包括待检区维序检查岗位、前传检查员岗位。

(一) 基础岗位

基础岗位包括待检区维序检查岗位、前传检查员岗位。

(1) 待检区维序员即引导员,位于安全门前1米处,负责维持秩序,提示受检人接受安全检查;提醒前来安检的旅客提前拿出身份证和登机牌,提醒旅客将禁止携带的违禁物品放入自弃箱,并将液态物品及打火机优先进行处理以免影响过检速度。如客流量较大,则对旅客进行分流,平均到每个通道,并维持现场次序。观察受检人的神态、动作,发现可疑人员迅速示意手检员实施重点检查。

执勤用语:

"旅客们,早上/下午/晚上好,请按次序排好队,依次接受验证和安检。"

"您好,先生/小姐/女士,请准备好护照、身份证、机票、登机牌以便检查。"

(2) 前传员位于X射线机前,负责提示、协助受检人将被检物品放置在传送带上,观察受检人的神态、动作,遇有可疑情况,示意执机员实施重点检查。

执勤用语：

"您好,请您把包放在传送带上,把身上的金属物品放在托盘里,通过安全门接受人身安检。"

(二) 验证岗位

1. 岗位职责

(1) 负责对乘坐国内航班旅客的有效身份证件、客票、登机牌进行核查,识别涂改、伪造、冒名顶替以及其他无效证件。

(2) 开展调查研究工作。

(3) 协助执法部门查控在控人员。

2. 基本操作

(1) 准备工作:按时到达现场,办理交接班手续,处理遗留问题,将安检验讫章放在验证台相应位置。检查安检信息系统是否处于正常工作状态,输入 ID 号进入待检状态。

(2) 证件检查:

① 人、证对照。验证员接证件时,要注意观察持证人的"五官"特征,再看证件上的照片与持证人"五官"是否相符。

② 核对"三证"。一是核对证件上的姓名与机票上姓名是否一致;二是核对机票是否有效,有无涂改痕迹(电子机票无需核对此项);三是核对登机牌所注航班是否与机票一致;四是查看证件是否有效。

③ 扫描旅客的登机牌,自动采集并存储旅客相关信息,同时查对持证人是否为查控对象。

④ 查验无误后,按规定在登机牌上加盖验讫章放行。

执勤用语：

"您好,请出示您的身份证件、机票和登机牌。"双手递接,交还时证件在上、登机牌在下,正面朝向客人递还。

3. 检查方法

证件检查应采取检查、观察和询问相结合的方法。可以总结为"一看"、"二对"、"三问"。

"一看":证件检查。检查证件外观式样、规格、塑封、印刷和照片等主要识别特征是否与规定相符,有无变造、伪造疑点,是否过期失效。

"二对":人证对照。性别、年龄、相貌特征是否相符。

"三问":对疑点证件,问姓名、年龄、出生日期、生肖、单位、地址等,进一步核实。

4. 注意事项

(1) 检查中,要注意看证件上的有关项目是否有涂改的痕迹。

(2) 检查中,要注意发现冒用他人居民身份证件的情况,注意观察持证人的外貌特征是否与证件上的照片相符。发现可疑情况应对持证人仔细查问。

(3) 查验证件时,要注意方法,做到自然大方、态度和蔼、语言得体,以免引起旅客反感。

(4) 注意观察旅客穿戴有无异常,如戴墨镜、围巾、口罩、帽子等有伪装嫌疑的穿着,应让其摘下,以便于准确核对。

(5) 应注意工作秩序,集中精力,防止漏验证件或漏盖验讫章。
(6) 验证中,要注意发现通缉、查控对象。
(7) 验证中,如发现疑点,要慎重处理,及时报告。
(8) 根据机场流量、工作标准以及验证、前传、引导、人身检查岗位的要求,适时验放旅客。

知识链接

按照中华人民共和国公安部、民航总局有关规定,乘机有效证件分为四大类:居民身份证件、军人类证件、护照类证件和其他可以乘机的有效证件。

(1) 居民身份证件:国内在陆地区的居民身份证和临时居民身份证。

(2) 军人类证件:军官证、武警警官证、士兵证、军队文职干部证、军队离(退)休干部证、军队职工证、学员证。

(3) 护照类证件:护照、港澳同胞回乡证、港澳居民来往内地通行证、中华人民共和国往来港澳通行证、我国台湾居民来往大陆通行证、大陆居民往来台湾通行证、外国人居留证、外国人出入境证、外交官证、领事官证、海员证等。

(4) 其他可以乘机的有效证件:

① 本届全国人大代表证、全国政协委员证。

② 出席全国或省、自治区、直辖市的党代会、人代会、政协会、工、青妇代表会和劳模会的代表,凭所属县、团级(含)以上党政军主管部门出具的临时身份证明。

③ 旅客的居民身份证所在户籍所在地以外被盗或丢失的,凭发案、报失地分公安机关出具的临时身份证明。

④ 年龄已高的老人(按法定退休年龄掌握),凭接待单位、本人原工作单位或子女、配偶工作单位(必须是县团级[含]以上单位)出具的临时身份证明。

⑤ 十六岁以下未成年人凭学生证、户口簿或者所在地公安机关出具的身份证明等。

(三) 人身检查岗位

1. 岗位职责

(1) 引导旅客有秩序地通过安全门。
(2) 检查旅客放入托盘中的物品。
(3) 对旅客人身进行仪器或手工检查。
(4) 准确识别并根据有关规定正确处理违禁物品。

2. 设备的准备

(1) 金属探测门的例行测试。
(2) 手持金属探测器的测试。

3. 检查的程序

人身安检一般采用仪器与手工相结合的方法,按照从左到右、从上到下、从前到后的顺序,通过仪器报警、手的触摸、眼睛观察排除疑点。

安检员站在被检人侧前方45°角的位置,检查顺序应从左臂、左肩胛、左腋下、左前胸、腰部、左腿、左脚、腿内侧到右脚、右腿、右前胸、右腋下、右肩胛、右臂;然后请被检人转身,对其背部进行检查,依次由头部、后肩、背部、后腰、臀部、右腿后侧、右脚、左脚、左腿后侧,排除可疑点后放行。

所有旅客必须通过安全门的检查,检查之前提醒旅客取出随身物品,再引导旅客有序的通过安全门,发生报警则使用手持金属探测器或手工人身检查复查。

执勤用语:

"您好!请配合安全检查!请您微张双臂!"

"请您把兜中的物品拿出检查!"

"谢谢您的配合!请慢走!"

4.注意事项

(1)双手掌心要切实接触旅客身体和衣服。

(2)注意检查头部、肩胛、胸部、手部、臀部、腋下、裆部、腰部、腹部、脚部这些重点部位。

(3)旅客从身上掏出的物品要仔细检查,防止夹带危险品。

(4)检查过程中要不间断观察旅客表情,防止发生意外。

(5)对女性旅客实施检查时,必须由女安检员进行。

(四) X射线检查仪操作检查员

1.岗位职责

(1)负责按操作规程正确使用X射线检查仪,检查旅客随身携带及机组、内部人员携带的行李物品,严防旅客及其他人员将违禁物品带入隔离区。

(2)观察辨别监视器上受检行李(货物、邮件)图像中的物品形状、种类,发现、辨认违禁物品或可疑图像。

(3)将需要开箱(包)检查的行李(货物、邮件)及重点检查部位准确无误地通知开箱(包)检查员。

(4)负责X射线机的日常检测、维护及检查工作。

2.检查程序

(1)按时到达工作岗位,准备好开机钥匙和X射线机使用登记本,检查机器各连接线是否正确,传送带内有无异物,位置是否正常。

(2)打开电源开关,然后打开稳压电源,电压正常后,插入X射线机钥匙,开机前顺时针旋转钥匙,使系统处于非锁定状态,接着按下通电按钮,使系统上电,系统自动检测约10秒钟,待等待指示灯熄灭后,系统可正常使用,根据检查情况填写"安检设备检测台账"。

(3)系统可正常使用后,将检测板通过X射线机进行日常检测,观察传送带运行情况是否正常,观察显示器显示色彩及内容是否正常,检测合格后方能投入正常检查工作。

(4)旅客将手提行李物品放在传送带上通过X射线机透视时,开机检查员必须聚精会神地观察鉴别图像,熟练运用各检测功能键,准确识别行李中的违禁物品,对X射线机透视图像不清的物品和可疑物品示意开包检查员进行手工检查并告知其重点部位,主动向开箱检查员了解开箱结果,以便积累经验。

(5)如发现行李中有武器、凶器、爆炸物等,应立即停止检查,并向值班领导报告,同时示意开箱检查员控制好人与行李,然后根据情况实施开箱检查。

(6) 工作完毕后,逆时针旋转开关中的钥匙关机,观察电源指示灯(红色)闪烁停止后(此时,相关工作数据存储完毕),取下钥匙,再切断 UPS 电源。填写"设备运行记录"。

3. 检查重点及方法

(1) 图像模糊不清无法判断物品性质的,可换角度重新过包。

(2) 发现似有电池、导线、钟表、粉末状、块状、液体状、枪弹状物及其他可疑物品的,应采用综合分析结合重点分析等方法。

(3) 发现有容器、仪表、瓷器等物品的,应在利用功能键辅助帮助分析的情况下进一步识别。

(4) 照相机、收音机、录音录像机及电子计算机等电器的检查,应仔细分析内部结构是否存在异常,如存在异常或不能判明性质的物质。

(5) 如遇旅客声明不能用 X 射线机检查的物品时,应按相应规定或情况处理,在了解情况后,如可以采用 X 射线机进行检查时,应仔细分析物品的内部结构是否存在异常。

(6) 上述检查如不能确定性质,必须实施手工开箱(包)检查。

4. 作业活动中的环境及职业健康关注

注意严格遵守作业规定,杜绝违章操作,避免受到 X 射线机辐射、传送带绞擦伤事故等的发生;作业活动中产生的垃圾,勤务结束后应分类放入分类垃圾桶内;离开工作场所时,及时关闭检查仪器、设备等电器用品,并打扫机器卫生。

(五) 开箱包检查员

开箱检查属于人工检查,即由开箱包检查员对旅客行李手工翻查。

1. 岗位职责

为避免危险品被带上飞机威胁飞行安全,开箱包检查员应在下列情况下进行开箱包检查。

(1) 旅客将随身携带的手提行李物品放在电视监测机的传送带上,由检查人员通过荧光屏检查时,如发现有异物,须由检查人员开包检查。

(2) 根据相关要求,随机抽取部分旅客行李进行开箱包检查;正常情况下,保持开包复查比率不低于10%。

(3) 如安检人员发现旅客形迹可疑时,可报告组长对该旅客进行开箱包检查。

2. 开箱包检查的程序

(1) 观察外层。

(2) 检查内层和夹层。

(3) 检查包内物品。

(4) 善后处理。

3. 开箱包检查的方法

开箱包检查的方法主要有看、听、摸、拆、掂、嗅、探、摇、烧、敲、开。

4. 开箱包检查操作

(1) 开箱包检查员应站立在 X 射线机行李传送带出口处疏导箱包,避免受检箱包被挤、压、摔倒。

(2) 当有箱包需要开检时,开机员给开箱包检查员语言提示,待物主到达前,开箱包检查员控制需开检的箱包,物主到达后,开箱包检查员请物主自主打开箱包,对箱包实施检查(如箱包内疑有枪支、爆炸物等危险品的特殊情况下需由开箱包检查员控制箱包,并做到人物分离)。

执勤用语:

"您好,这是您的包吗?请您打开一下!"

"对不起,根据规定,您的这件物品属于禁带物品,请配合我们的工作到通道外处理,可以办理寄存,谢谢合作。"

"对不起,根据规定,您的这件物品属于禁带物品,请您跟我来一下。"

"对不起,根据规定,您的这件物品属于违禁品,我们要依法进行收缴,请出示您的证件……"

(3)开包检查时,开启的箱包应侧对物主,使其能通视箱内物品。

(4)针对开机员的提示对箱包进行有针对性的检查,已查和未查的物品要分开,摆放要整齐有序。

(5)检查过程中,开箱包检查员应根据物品的种类采取相应的方法(看、听、摸、拆、掂、嗅、探、摇、烧等)检查。

(6)开箱包检查员将检查出的物品请开机员复核。

5. 开箱包检查的要求及注意事项

(1)开箱包检查时,物主必须在场,并请物主将箱包打开。

(2)检查时,要认真细心,特别要注意重点部位,如箱包的底部、角部、外侧小兜,并注意有无夹层。

(3)没有进行托运行李改造的要加强监控措施,防止已查验的行李箱包与未经安全检查的行李箱包相调换或夹塞违禁物品。

(4)旅客的物品应轻拿轻放,如有损坏应照价赔偿。检查完毕后,应尽量按原样放好。

(5)若开箱包检查发现危害大的违禁物品时,应采取措施控制住携带者,防止其逃离现场,并将该箱包重新进行X射线机检查,以查清是否藏有其他危险物品。必要时,将其带入检查室彻底检查。

(6)若旅客申明携带物品不宜接受公开检查时,安检部门可根据实际情况,避免在公开场合检查。

(7)对开箱包检查的行李必须再次进行X射线机检查。

6. 必须开包检查的情况

(1)用X射线机检查时,图像模糊不清无法判断物品性质的。

(2)用X射线机检查时,发现似有电池、导线、钟表、粉末状、液体状、枪弹状物及其他可疑物品的。

(3)X射线机图像中显示有容器、仪表、瓷器等物品的。

(4)照相机、收音机、录音录像机及电子计算机等电器。

(5)携带者特别小心或时刻不离身的物品。

(6)携带的物品与其职业、事由和季节不相适应的。

(7)携带人声明不能用X射线机检查的物品。

(8)现场表现异常的旅客或群众揭发的嫌疑分子所携带的物品。

（六）监护岗位

1. 民用航空器监护

执行航班飞行任务的民用航空器在客机坪短暂停留期间，由安检部门负责监护。

对出港民用航空器的监护，从机务人员将民用航空器移交监护人员时开始，至旅客登机后民用航空器滑离时止；对过港民用航空器的监护从其到达机坪时开始，到滑离（或拖离）机坪时止；对执行国际、地区及特殊管理的国内航线飞行任务的进港民用航空器的监护，从其到达机坪时开始至旅客下机完毕机务人员开始工作为止。

民用航空器监护人员应当根据航班动态，按时进入监护岗位，做好对民用航空器监护的准备工作。

民用航空器监护人员应当坚守岗位，严格检查登机工作人员的通行证件，密切注视周围动态，防止无关人员和车辆进入监护区。在旅客登机时，协助维持秩序，防止未经过安全检查的人员或物品进入航空器。

空勤人员登机时，民用航空器监护人员应当查验其"中国民航空勤登机证"。加入机组执行任务的非空勤人员，应当持有"中国民航公务乘机通行证"和本人工作证（或学员证）。

对上述人员携带的物品，应当查验是否经过安全检查；未经过安全检查的，不得带上民用航空器。

在出、过港民用航空器关闭舱门准备滑行时，监护人员应当退至安全线以外，记载飞机号和起飞时间后，方可撤离现场。

民用航空器监护人员接受和移交航空器监护任务时，应当与机务人员办理交接手续，填写记录，双方签字。

民用航空器客、货舱装载前的清舱工作由航空器经营人负责。必要时，经民航公安机关或安检部门批准，公安民警、安检人员可以进行清舱。

2. 候机隔离区安全监控

经过安全检查的旅客进入候机隔离区以前，安检部门应当对候机隔离区进行清场。安检部门应当派员在候机隔离区内巡视，对重点部位加强监控。经过安全检查的旅客应当在候机隔离区内等待登机。如遇航班延误或其他特殊原因离开候机隔离区的，再次进入时应当重新经过安全检查。

因工作需要进入候机隔离区的人员，必须佩带民航公安机关制发的候机隔离区通行证件。上述人员及其携带的物品，应当经过安全检查。

安检部门应当在候机隔离区工作人员通道口派专人看守，检查进出人员。

候机隔离区内的商店不得出售可能危害航空安全的商品。商店运进商品应当经过安全检查，同时接受安检部门的安全监督。

工作任务解析

验证时，如陈小姐带了围巾、帽子等，要提醒她摘下；前传员要提醒她在过安检门前脱下棉衣、靴子，协助把棉衣、靴子装在筐内过 X 射线机；陈小姐乘坐的是国际航班，所携带的化妆品、眼药水属于液态物品，按照中国民用航空总局 2007 年 3 月 17 日发布《关于限制携带液态物品乘坐民航飞机的公告》执行物品检查。

资料链接

2008年3月7日,南航—乌鲁木齐至北京航班发生险情,一维族女孩携带汽油瓶登机欲造空难被制止,飞机紧急迫降兰州机场。

中国民用航空总局发出内部紧急通报称,歹徒是在洗手间内欲点燃燃料引爆飞机时被空乘人员发现的,歹徒共两名。初步查明,新疆机场方面安检确实存在重大纰漏,安检人员出现漏检险酿惨剧。

知识链接

《中国民用航空安全检查规则》附件中对旅客随身携带和托运物品做出了严格规定。

1. 禁止旅客随身携带或托运的物品

(1)枪支、军用或警用械具类(含主要零部件),包括军用枪、公务用枪:手枪、步枪、冲锋枪、机枪、防暴枪等;民用枪、气枪、猎枪、运动枪、麻醉注射枪、发令枪等;其他枪支:样品枪、道具枪等;军械、警械:警棍、军用或警用匕首,刺刀等;国家禁止的枪支、械具:钢珠枪、催泪枪、电击枪、电击器、防卫器等;上述物品的仿制品。

(2)爆炸物品类,包括弹药:炸弹,手榴弹、照明弹、燃烧弹、烟幕弹、信号弹、催泪弹、毒气弹和子弹(空包弹、战斗弹、检验弹、教练弹)等;爆破器材:炸药、雷管、导火索、导爆索、非电导爆系统、爆破剂等;烟火制品:礼花弹、烟花,爆竹等;上述物品的仿制品。

(3)管制刀具,指1983年经国务院批准由公安部颁布实施的《对部分刀具实行管制的暂行规定》中所列出的刀具,包括匕首、三棱刀(包括机械加工用的三棱刮刀)、带有自锁装置的刀具和形似匕首但长度超过匕首的单刃刀、双刃刀以及其他类似的单刃、双刃、三棱尖刀等;少数民族由于生活习惯需要佩戴、使用的藏刀、腰刀、靴刀等属于管制刀具,只准在民族自治地方销售、使用。

(4)易燃、易爆物品,氢气、氧气、丁烷等瓶装压缩气体、液化气体;黄磷、白磷、硝化纤维(含胶片)、油纸及其制品等自燃物品;金属钾、钠、钾、碳化钙(电石)、镁铝粉等遇水燃烧物品;汽油、煤油、柴油、苯、乙醇(酒精)、油漆、稀料、松香油等易燃液体;闪光粉、固体酒精、赛璐珞等易燃固体;过氧化钠、过氧化钾、过氧化铅、过醋酸等各种无机、有机氧化剂。

(5)毒害品,包括氰化物,剧毒农药等剧毒物品。

(6)腐蚀性物品,包括硫酸、盐酸、硝酸、有液蓄电池、氢氧化钠、氢氧化钾等。

(7)放射性物品,放射性同位素等放射性物品。

(8)其他危害飞行安全的物品,如可能干扰飞机上各种仪表正常工作的强磁化物、有强烈刺激性气味的物品等。

(9)国家法律法规规定的其他禁止携带、运输的物品。

2. 禁止旅客随身携带但可以作为行李托运的物品

菜刀、剪刀、水果刀、剃刀等生活用刀;手术刀、屠宰刀、雕刻刀等专业刀具;文艺单位表演用的刀、矛、剑、戟等;斧、凿、锤、锥、加重或有尖钉的手杖、铁头登山杖;其他可用来危害航空安全的锐器、钝器;酒类(1千克且包装完好)。

中国民用航空局于2008年12月9日下发了《关于调整旅客随身携带液态物品和打火机火柴乘坐民航飞机管制措施的公告》,严禁旅客在托运行李中夹带打火机、火柴。

中国民用航空总局2007年3月17日发布《关于限制携带液态物品乘坐民航飞机的公告》,内容如下。

1. 对乘坐国内航班旅客携带液态物品规定

(1) 旅客可随身携带总量不超过1升的液态物品,液态物品经开瓶检查确认无疑后,方可携带。对于部分配备足够数量液态物品安全检查设备的机场,液态物品经设备检查无疑后,可不再执行开瓶检查要求。其他超出部分需要办理托运。

旅客在候机隔离区内购买的液态物品可以带上飞机。

(2) 旅客携带的婴儿奶粉、牛奶、母乳等液态奶制品(需有婴儿随行),糖尿病或其他疾病患者必需的液态药品(凭医生处方或者医院证明,在药店购买的除外),经安全检查确认无疑后,可适量随身携带。

2. 对乘坐国际、地区航班旅客(含国际中转国际航班旅客)的措施

(1) 旅客应将携带的液态物品(液体、凝胶、气溶胶)盛放在容积不超过100毫升(mL)的容器内携带。对于容积超过100毫升(mL)的容器,即使该容器未装满液体,亦不允许随身携带,应办理交运。

(2) 盛放液态物品的容器应宽松地放置于最大容积不超过1升(L)、可重新封口的透明塑料袋中,塑料袋应完全封好。每名旅客每次只允许携带一个透明塑料袋。超出部分应办理交运。

(3) 盛装液态物品的塑料袋应在安检点单独接受安全检查。

(4) 携带的婴儿奶粉、牛奶、母乳(需有婴儿随行),糖尿病或其他疾病患者必需的液态药品(凭医生处方或者医院证明,在药店购买的除外),经安全检查确认无疑后,可适量随身携带;容器及塑料袋包装要求不执行第一至三款的规定。

(5) 在候机隔离区内购买的液态物品可以带上飞机。候机隔离区免税店、机上免税店工作人员对在国外、境外转机旅客购买免税液态物品负有提醒义务,并应提供符合要求的包装。候机隔离区免税店、机上免税店工作人员出售免税液态物品时,应主动询问旅客是否需要在国外、境外转机,对于需要转机的旅客购买的液态物品应提供符合要求的塑料包装袋,密封后交给旅客,并尽可能用英文打印(或者手写)购买凭证;提醒旅客在旅行中,塑料袋需保持明显完好无损,不得自行拆封,并保留登机牌和液态物品购买凭证,以备转机地有关人员查验。

3. 塑料包装袋应符合以下要求

(1) 透明的塑料袋。

(2) 可承载内装物品重量。

(3) 提交旅客时已经密封(热封或者胶封)。

(4) 密封后不能重复打开,整体任何部位一旦打开即不可复原。

(5) 袋体应用中文明显标注在旅行中,袋体不得打开,否则可能导致袋内物品不准携带乘机的内容。

(6) 对国际中转国际航班旅客。其携带入境的免税液态物品的包装应符合上述第

(5)项之要求,并须出示机场(机上)免税店的购物凭证,方可予以放行。

4. 其他要求及注意事项

对旅客携带酒类物品乘坐民航飞机,数量适度放开,但必须办理托运手续。

对于能够确认是酒类液态物品,在合理范围内不再要求数量上的限制,但在运输方式上必须办理交运,且应符合民航运输有关规定。根据 Doc9284《危险物品安全航空运输技术细则》规定,属于危险品的酒类运输应按照危险品运输规定办理。

第四节 机场联检业务

联检是指由口岸单位对出入境行为实施的联合检查,对人员进出境由边检、海关、卫生检疫、动植物检疫联合进行检查。

一、海关

海关是根据国家法律对进出关、境的运输工具、货物和物品进行监督管理和征收关税的国家行政机关。海关的任务是依照《中华人民共和国海关法》和其他有关法律、法规,监管进出境的运输工具、货物、行李物品、邮递物品和其他物品,征收关税和其他税费;查缉走私;编制海关统计和办理其他海关业务。

(一)进出境旅客通关

(1)进出境旅客行李物品必须通过设有海关的地点进境或出境,接受海关监管。旅客应按规定向海关申报。

(2)除法规规定免验者外,进出境旅客行李物品应交由海关按规定查验放行。

(3)旅客进出境携有需向海关申报的物品,应报请海关办理物品进境或出境手续。

(4)经海关验核签章的申报单应妥善保管,以便回程时或者进境后凭此办理有关手续。

(二)进出境物品的管理

个人携带进出境的行李物品,邮寄进出境的物品,应当以自用、合理数量为限,接受海关监督。

进出境物品的所有人应当如实向海关申报,接受海关查验。

海关加施的封条任何人不得擅自开启或损毁。

进出境邮袋的卸装、转运和过境应接受海关监督。

(三)行李物品和邮递物品征税办法

为了简化计税手续和方便纳税人,中国海关对进境旅客行李物品和个人邮递物品实施了专用税则、税率。

二、边防

边防检查站是国家设在口岸以及特许的进出境口岸的入出境检查管理机关,是代表国家行使入出境管理职权的职能部门,是国家的门户。

它的任务是维护国家主权、安全和社会秩序,发展国际交往,对一切入出境人员的护照、证件和交通运输工具实施检查和管理,实施口岸查控,防止非法入出境。

(一)入境检查

公安边防检查部门对外国人、港澳同胞、台湾同胞、海外侨胞,中国公民因公、因私入出境进行严格的证件检查。

外国人来中国,应当向中国的外交代表机关、领事机关或者外交部授权的驻外机关申请办理签证(互免签证的除外)。外国人到达中国口岸后,要接受边防检查站的检查。

1. 护照

护照(Passport)是一个主权国家发给本国公民用来出入国境、在国外旅行或居住的合法身份证明和国籍证明。护照是维护国家主权、保护本国公民利益和保障国际正常交往所必备的重要证件。护照在有效期内是具有法律效力的证明,即为有效护照,否则为无效护照,不具备法律效力。

2. 签证

签证(Visa)是主权国家准许外国公民或本国公民出入境或经过国境的一种许可证明。

签证制度是国家主权的象征,是国家对于外国人的入境实施有效控制和管理的具体表现,并以此达到维护国家安全及国内社会秩序的目的。

3. 其他证件

其他证件包括"大陆居民往来台湾通行证"、"港澳同胞回乡证"、"中华人民共和国海员证"、卡式"港澳同胞来往内地通行证"、"中华人民共和国旅行证"、"中华人民共和国入出境通行证"、"台湾居民来往大陆通行证"、"中华人民共和国往来港澳通行证"、"因公往来香港澳门特别行政区通行证"(红皮)、"因公往来香港澳门特别行政区通行证"(蓝皮)。

(二) 出境检查

(1) 外国人入境后应在签证有效期内离开中国。

(2) 中国人出境必须向主管部门申领护照,个人因公因私必须办好前往国签证,才能放行。

(3) 外国对中国公民入境、出境、过境有专门规定。

(三) 阻止出入境

凡被认为入境后可能危害中国的国家安全、社会秩序者,持伪造涂改或他人护照证件者,未持有效护照、签证者以及患有精神病、麻风病、艾滋病、性病等传染病,或者不能保障在中国期间所需费用者,边防检查站将阻止入境。

出境的人员如果是属于刑事案件的被告人或者犯罪嫌疑人;有未了结的民事案件的人;有违犯中国法律的行为尚未处理,经有关主管机关认定需要追究的人;未持有效证件或者持用他人证件的,以及持有伪造或者涂改的出境证件的人,边防检查站阻止其出境。

(四) 交通运输工具的检查

交通运输工具入境、出境、过境必须从对外国人开放的或者指定口岸通行,接受边防检查机关的检查和监护。

航空器抵达中国前,交通运输工具负责人要负责向旅客分发入境登记卡,抵达后要向边防检查站提供旅客和机组名单。出境时,办完值机手续后各航空公司负责办理值机手续的人员要向边防检查站书面报告旅客人数,经批准后方可离境。

(五) 安全检查

为确保航空器及乘客的安全,严禁乘客携带枪支、弹药、易爆、腐蚀、有毒、放射性等危险物品。旅客在登机前,必须接受安全人员的检查,拒绝接受检查者不准登机,损失自负。

进入机场隔离区的迎送人员必须佩带有效通行证件,并得到安检人员允许后方准进入,对无证者或违犯安全规定者,安检人员有权拒绝其进入或依法进行处理。

三、检验检疫

(一) 卫生检疫

卫生检疫,也称"口岸卫生检疫",是防止传染病由国外传入或由国内传出,以保护人体健康。卫生检疫是一国政府为防止危害严重的传染病,通过入出国境的人员、行李和货物,传入、传出、扩散所采取的防疫措施。

卫生检疫包括对入出境人员、交通工具、运输设备和可能传播检疫传染病的行李、货物、邮包以及进口食品等实施检疫查验、传染病监测、卫生监督、卫生处理和卫生检验,并为入出境人员办理预防接种,健康体检签发证件,提供国际旅行健康咨询、预防急救药品等。

1. 卫生检疫查验管理

旅客出入境时,入出境交通工具和人员、集装箱、行李、货物、邮包等必须在最先到达或最后离开的过境口岸指定的地点接受医学检查和卫生检查检疫。

入境的交通工具和人员,须在最先到达的国境口岸接受检疫;出境的,须在最后离开的国境口岸接受检疫。检验检疫机构对未染有检疫传染病或者已实施卫生处理的交通工具,签发入境或者出境检疫证。

2. 传染病监测管理

检验检疫机构对入境、出境人员实施传染病监测,有权要求出入境人员填写健康申明卡、出示预防接种证书、健康证书或其他有关证件。

中国国境卫生检疫部门根据旅客来自国家或地区的不同,决定是否实施检疫。

对患有鼠疫、霍乱、黄热病的出入境人员,应实施隔离留验。对患有艾滋病、性病、麻风病、精神病、开放性肺结核的外国人应阻止入境。对患有监测传染病的出入境人员,视情况分别采取留验、发给就诊方便卡等措施。

3. 卫生监督和卫生处理

检验检疫机构负责对国境口岸和停留在国境口岸的出入境交通工具的卫生状况实施卫生监督。

检验检疫机构负责对发现的患有检疫传染病、监测传染病、疑似检疫传染病的入境人员实施隔离、留验和就地诊验等医学措施;对来自疫区、被传染病污染、发现传染病媒介的出入境交通工具、集装箱、行李、货物、邮包等物品进行消毒、除鼠、除虫等卫生处理。

4. 进口食品卫生监督检验

对已到达口岸的进口食品,按照我国卫生标准和卫生要求进行检查。

检验检疫机构对进口食品按食品危险性等级分类进行管理。

依照国家卫生标准进行监督检验,检验合格的,方准进口。

对不符合标准的食品,根据其检验结果的危害程度,实行退货、销毁、改为他用或加工处理。

(二) 动植物检疫

动植物检疫部门是代表国家依法在开放口岸执行进出境动植物检疫、检验、监管的检验机关,负责检疫进出中华人民共和国国境的动植物及其产品和其他检疫物,装载动植物产品和其他检疫物的装载容器、包装物以及来自动植物疫区的运输工具。

单元小结

本单元的重点是安检基本流程和操作要领,安全检查部门开展安全技术检查工作的目的是通过逢包必检、逢液必查,有效地拦阻爆炸物、易燃易爆、管制刀具等危险品,最大限度震慑恐怖分子,确保公共安全和客人生命财产安全。

模拟工作任务

工作任务1:

任务描述:请学员分组进行人身检查。

人员:旅客1~2名,引导员1名,人身检查1名,开包员1名。

工具:衣物筐1个,手持探测器1个,绝缘墩1个,箱包1个(如有条件准备安检门和X射线机)。

任务目标:掌握安检基本流程和操作要领。

任务要求:能够按规定程序进行人身检查,做到动作规范、语言标准;对箱包内的物品能够迅速判断并做出正确处置。

工作任务2:

任务描述:根据不同航线进行开箱包检查。

人员:开包员1名。

工具:白手套1付,箱包1个(含30件日常用品)。

任务要求:按照正确的方法对箱包内的物品进行检查,注意区别国内航班和国际地区中转航班,尤其注意液态物品的检查。

学习单元五　进出港旅客服务

学习内容

进出港旅客服务是航站楼服务的重点,对航班整个营运速度有较大影响,是保证航班正点率、安全性的重要环节。航站楼的工作人员除了能在正常情况下为旅客进行有效地服务外,还应该掌握特殊情况下的安排、协调旅客的方法,特别是对特殊旅客的照顾,应尽力将事态的影响控制在最小范围。本单元介绍了进出港旅客服务的主要工作——引导服务,并要求学员理解特殊旅客的服务操作。

学习目标

(1) 掌握飞机靠桥进出港的引导服务操作。
(2) 掌握飞机远机位进出港的引导服务操作。
(3) 理解特殊旅客的进出港引导服务操作。
(4) 掌握引导工作要求。

第一节　出港旅客登机服务

航站楼构型及相关区域设置十分复杂,乘机旅客通常要花大量时间去寻找登机口,除设置公共信息指示标志外,航空公司通常在旅客出港和进港整个流程中提供人员引导服务。

一、引导员的岗位职责

(1) 掌握航班动态信息,准确了解所送航班的要客信息及登机要求,并按规定的时间到达工作岗位。
(2) 负责进出港航班旅客的接送引导。
(3) 负责出港航班旅客的登机牌查验和旅客人数的统计。
(4) 负责过站旅客备降航班的旅客候机,引导服务以及过站备降飞机旅客过站牌的查验,并清点统计过站人数,若不符,及时报告值机和服务调度室并迅速排查。
(5) 负责老弱病残孕无人陪伴儿童的接送、引导服务,负责将其送至出口处与亲属交接。
(6) 规范地操作登机桥,及时准确地对接和撤离航空器。
(7) 在工作中要小心谨慎,遇有机械故障、紧急情况,必须掌握紧急处理方法并知道及时向现场指挥中心、服务调度汇报。

(8)负责检查客梯司机发送对接和撤离航空器的安全指令。

(9)负责检查客梯车、飞机悬梯是否安全放好,控制客梯车上的人数。维持好在场的秩序。

(10)航班延误或取消时,负责向旅客作解释、引导工作。

(11)认真做好值班记录,并严格执行接待程序和手续。

(12)完成上级组织交办的其他工作。

二、引导旅客登机的服务要求

(一)登机广播

登机口发生变更时,广播人员应及时通过航显及广播形式通知旅客,登机口使用中英文广播,语速应均匀,音质清晰,登机开始时间应与广播登机时间保持一致。

(二)登机口最长排队时间

正常情况下排队时间:国内两舱旅客不超过 2 分钟,普通旅客不超过 10 分钟,国际两舱旅客不超过 5 分钟,普通旅客不超过 15 分钟。

(三)优先登机的选择性及分舱登机

登机过程中,应保持高端登机通道处于开放状态,确保高端旅客根据个人意愿优先登机,主动邀请老、弱、病、残孕等特殊旅客优先登机,登机开始前通过广播、告示牌等通知普通旅客后排先上。

分段登机标准:B737 类窄体机,经济舱分两段登机,后舱旅客先登机,前舱旅客后登机;B767、A330、A340 类宽体机,经济舱分后舱、中舱、前舱三段登机。

(四)巡视人员

登机口应安排专人维持登机秩序,登机口秩序井然,不出现排队混乱等现象。

(五)为远机位旅客登机提供摆渡车

为远机位旅客提供登机服务,摆渡车辆需提前到位,服务人员主动指引旅客上车,第一辆摆渡车坐满后,后续摆渡车及时到位。

(六)工作人员的语言能力及结束语

工作人员应交替使用"谢谢"或"旅途愉快"等用语,慢语速,音量适中,声音可覆盖 3~5 名旅客,根据目的地及旅客国籍,使用目的地国语言与旅客道别,并与登机旅客沟通顺畅、气氛融洽。

三、出港航班的流程

如图 5-1 所示,登机口工作人员应先做好登机准备,接收航班信息,根据航班动态做相应广播,在廊桥口或舷梯口查验登机牌,引导旅客登机,与机组人员复核人数,并做记录。

(一)廊桥送机工作流程

(1)验放员、送机员做好岗前准备:

① 提前核对航班动态。

② 准备对讲机、广播器、打印纸、大件牌等。

③ 检查仪容仪表。

④ 提前 50 分钟到达登机口(空客 330,波音 777 提前 60 分钟上岗)。

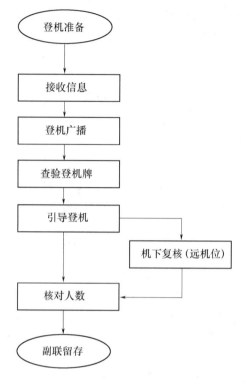

图 5-1 出港旅客登机流程

(2) 验放员、送机员做登机前的准备工作：
① 拉好隔离带,摆正柜台各提示牌。
② 清洁登机口柜台、廊桥卫生。
③ 将计算机调整到"开放"状态。
④ 查看设备,离港系统是否正常。
(3) 验放员按照中英文广播词在柜台外进行召集广播。
(4) 验放员进行航班座位划分,带上广播器前往旅客休息区域进行分舱互动广播,分舱登机必须告知旅客后排先上的原因。
(5) 送机员前往旅客休息区域查看旅客是否携带多件及大件行李,提醒旅客登机时办理托运。

参考语言：

"对不起,飞机上对旅客随身携带行李的重量有明确、严格的限定,如随身行李过多过重,存在影响飞机重心的重大安全隐患。"

"如将超过标准的随身行李带入客舱,飞行过程中,如发生飞机颠簸,可能致使行李从行李架上掉落,对他人、他人物品或航空公司财产将会造成损害。"

(6) 送机员提前打印 PIL 单。
(7) 送机员上机告知客舱地面已经准备好可以上客,同时将特殊旅客带下去,与客舱提前交接,并与客舱交接 PIL 单。
(8) 接服调信息岗上客的通知后,验放员按照中英文广播词进行登机广播(图 5-2)。

图 5-2　廊桥—验放员和送机员在通知旅客登机

参考语言：

"乘坐××航班前往××的旅客，请带好随身物品，出示登机牌，按顺序排队登机！"

"Your attention please, ×× airlines Flight Number ××× to ××× is now ready for boarding, all passengers please have your passport and boarding pass ready for boarding."（连续两遍）

（9）送机员整理旅客排队的队伍，再次提醒旅客请按分舱顺序排队登机，并且邀请高端旅客（两舱旅客、金银卡旅客、高端经济舱旅客等）、特殊旅客（老年旅客、抱小孩旅客等）优先登机。航班未结载时，送机员不得一直站在柜台内。高端通道无旅客时，要一直在柜台外进行理队，随时邀请特殊旅客至优先通道登机。如高端通道有旅客时，要主动上前进行验放，验放后要立即出柜台。

备注：遇宽体机型时，因高端通道旅客人数较多，要求班组长或分队长到场，在高端通道进行验放，送机员在航班未结载时，一直在柜台外进行理队，随时邀请特殊旅客至优先通道登机。

（10）验放员、送机员在验放过程中，验放员在普通舱通道，送机员在高端旅客通道；登机过程中保持高端登机通道处于开放状态，确保高端旅客根据个人意愿优先登机。

（11）验放员、送机员验放过程中必须使用以下四个步骤：

① 先查看登机牌航班号（如旅客登机牌副联丢失或无登机牌，查看旅客机票，做好解释工作，让旅客最后登机并与值机联系）；

② 确认航班号无误使用离港扫描，必须听到"滴"或"谢谢"的提示音（如遇计算机无法接收的登机牌，需要与服调联系，做好解释工作让旅客最后登机）；

③ 听到"滴"或"谢谢"的提示音后，将扫描完的登机牌右联第一联撕下；

④ 核对右联登机牌航班号，10个一打，整理核对。

（12）验放员、送机员在验放过程中，应做到：

① 面带微笑、亲切友善；

② 向旅客点头致意，双手接拿登机牌，主动问好（"您好"）；

③ 双手递交登机牌，亲切告别（"谢谢"或"旅途愉快"交替使用）；

④ 遇到高端旅客，必须提供姓氏服务。

（13）航班结载后，送机员打印各类单据（高端旅客客舱信息单、PIL单、头舱名单、PTM报），按规范格式记录航班数据，填写"放飞交接单"。

（14）送机员在航班起飞前 15~20 分钟，打印"未到旅客行李报表"，保证起飞前 15 分钟与搬运交接。

（15）验放员在航班起飞前 15~20 分钟进行催促广播，并将未到旅客姓名报至机场广播室进行广播，同时联系导乘人员积极找寻旅客。

（16）送机员在接到服调信息岗通知机上有特殊情况时，要及时上机进行处理。

（17）验放员将晚到旅客报至送机员，由送机员联系搬运，调整所挑行李号码，避免旅客已登机却将旅客行李挑出。

（18）送机员在航班起飞前 10 分钟，与验放员确定登机人数，上机与乘务长核对人数，广播未到旅客姓名，并到座位核实，确定旅客未到，回复验放员。

（19）如航班有修正数据，送机员按规范格式修正舱单，关舱门，并将信息报至信息岗。

（20）验放员、送机员待航班客齐后舱门关闭廊桥撤离方可离开。遇航班减人，必须在登机口等候漏乘旅客，直至航班到起飞时间后方可离开。

(二) 远机位送机工作流程

（1）验放员、送机员、外场员做好岗前准备：

① 提前核对航班动态；

② 准备对讲机、广播器、打印纸、大件牌、反光马甲等；

③ 检查仪容仪表；

④ 提前 60 分钟到达登机口。

（2）验放员、送机员、外场员做登机前的准备工作：

① 拉好隔离带，摆正柜台各提示牌；

② 清洁登机口柜台、廊桥卫生；

③ 将计算机调整到"开放"状态；

④ 查看设备，离港系统是否正常；

⑤ 联系车队，摆渡车、贵宾车提前到位。

（3）验放员按照中英文广播词在柜台外进行召集广播。

（4）验放员进行航班座位划分，带上广播器前往旅客休息区域进行分舱互动广播，分舱登机必须告知旅客后排先上的原因。

（5）送机员前往旅客休息区域查看旅客是否携带多件及大件行李，提醒旅客登机时办理托运。

（6）接服调信息岗上客的通知后，验放员按照中英文广播词进行登机广播。

（7）送机员整理旅客排队的队伍，再次提醒旅客请按分舱顺序排队登机，并且邀请高端旅客（两舱旅客、金银卡旅客、高端经济舱旅客等）、特殊旅客（老年旅客、抱小孩旅客等）优先登机。航班未结载时，送机员不得一直站在柜台内，高端通道无旅客时要一直在柜台外进行理队，随时邀请特殊旅客至优先通道登机；如高端通道有旅客时，要主动上前进行验放，验放后要立即出柜台。

备注：遇宽体机型时，因高端通道旅客人数较多，要求班组长或分队长到场，在高端通道进行验放。送机员在航班未结载时，一直在柜台外进行理队，随时邀请特殊旅客至优先通道登机。

(8) 外场员在登机口与车之间引导旅客上正确的车辆,履行主班职责。

(9) 验放员、送机员在验放过程中,验放员在普通舱通道,送机员在高端旅客通道;登机过程中保持高端登机通道处于开放状态,确保高端旅客根据个人意愿优先登机。

(10) 验放员、送机员验放过程中必须使用以下四个步骤:

① 先查看登机牌航班号(如旅客登机牌副联丢失或无登机牌,查看旅客机票,做好解释工作,让旅客最后登机并与值机联系);

② 确认航班号无误使用离港扫描,必须听到"滴"或"谢谢"的提示音(如遇计算机无法接收的登机牌,与服调联系,做好解释工作让旅客最后登机);

③ 听到"滴"或"谢谢"的提示音后,将扫描完的登机牌右联第一联撕下;

④ 核对右联登机牌航班号,10个一打,整理核对。

(11) 验放员、送机员在验放过程中,应做到:

① 面带微笑、亲切友善;

② 向旅客点头致意,双手接拿登机牌,主动问好("您好");

③ 双手递交登机牌,亲切告别("谢谢"或"旅途愉快"交替使用);

④ 遇到高端旅客,必须提供姓氏服务。

(12) 第一辆摆渡车人数在80人时,外场人员与车队交接,核对离港系统飞机号和纸质动态飞机号,填写派车单上的航班号与飞机号,并与车队司机确认;确认无误后,将车辆带至飞机下,履行外场职责,使用外场三步骤(图5-3):

① 核对飞机号,查看登机牌航班号;

② 确认航班号无误撕下登机牌右联;

③ 核对右联登机牌航班号,10个一打,整理核对,清点人数。

图5-3 远机位—验放员检查旅客登机牌

(13) 送机员根据未登机旅客人数,及时联系后续车辆,核对离港系统飞机号和纸质动态飞机号,填写派车单上的航班号与飞机号,并与车队司机确认,履行主班职责。

(14) 航班结载后,送机员打印各类单据(高端旅客客舱信息单、PIL单、头舱名单、PTM报),按规范格式记录航班数据,填写"放飞交接单"。

(15) 送机员在航班起飞前20分钟,打印"未到旅客行李报表",保证提前15分钟到达飞机下,与搬运交接,处理机上各种特殊情况。

(16) 送机员前往机上时,由验放员担任主班,履行主班职责。

(17) 验放员在航班起飞前15~20分钟进行催促广播,并将未到旅客姓名报至机场广播室进行广播,同时联系导乘人员积极找寻旅客。

（18）验放员将晚到旅客报至送机员,由送机员联系搬运,调整所挑行李号码,避免旅客已登机却将旅客行李挑出。

（19）送机员在航班起飞前10分钟,与验放员确定登机人数,上机与乘务长核对人数,广播未到旅客姓名,并到座位核实,确定旅客未到,回复验放员。

（20）送机员与外场员核对人数,如航班有修正数据,送机员按规范格式修正舱单,关舱门,并将信息报至信息岗。

（21）验放员、外场员将外场与门场登机牌合二为一,保存24小时。

（22）验放员待航班客齐后舱门关闭方可离开。遇航班减人,必须在登机口等候漏乘旅客,直至航班到起飞时间后方可离开。

第二节　到港旅客服务

在旅客进港后,机场服务工作主要为:引导旅客来到候机楼领取托运行李,然后验票离开候机楼。在机场旅客下飞机的方式主要有两种:①使用登机梯下机后乘坐机场摆渡车来到候机楼,即远机位引导;②廊桥机位引导。第二种方式能使旅客更方便、快捷地到达候机楼,也是目前大多数机场使用的方式。

一、到港旅客服务要求

（一）廊桥对接和敲舱门（以轮挡时间即客舱安全带提示灯熄灭时间为准）

飞机停稳,廊桥或客梯车在5分钟内与舱门对接完毕,接机人员检查对接情况,确保安全后,敲舱门给出开门信号。

（二）到达后接机服务

（1）1名服务人员在机口或客梯车下,迎接旅客下机。

（2）直至下客结束。

（3）为旅客提供廊桥到达通道指引,或者客梯车至摆渡车控制机坪道或摆渡车方向行走。

（4）为需要的旅客提供必要的协助,如为轮椅旅客及时提供帮助。

（三）远机位经济舱接机服务

（1）车辆提前到位(以最后一位旅客下机时间为准)。

（2）服务人员在摆渡车门口指引旅客上车。

（3）第一辆摆渡车坐满后,后续摆渡车应及时到位。

二、廊桥机位旅客引导

（一）岗前准备

（1）与飞机预计到达时间前10分钟到达登机口,利用机场运输服务系统查询有无相互冲突的航班。

（2）与到站航班飞机舱门开启前到达廊桥前段等候旅客下机。

（二）国内航班

（1）与开廊桥工作人员确认廊桥已经停靠妥当,方可敲舱门通知乘务开舱门。

（2）飞机开舱门后,首先向乘务长致意并询问特服信息:"你好,请问有特服旅客吗?"

(3) 向最先下机的旅客致意;将旅客引导出廊桥,并向旅客指明通向到达厅方向。在引领的过程中,与旅客保持1~2米的距离。

(4) 巡回观察旅客下机情况,为老幼病残孕旅客提供特别协助。

(三) 国际航班

(1) 与开廊桥工作人员确认廊桥已经停靠妥当,并等卫检人员对舱门进行消毒后,方可敲舱门通知乘务开舱门。

(2) 飞机开舱门后,应统计乘务与舱单上的旅客人数,在第一时间内向调度报告航班总人数,并提示有无特殊情况。

(3) 与乘务员交接CIQ卡包。

(4) 接到调度可以下客的通知后,向最先下机的旅客致意。

(5) 将旅客引导出廊桥,并向旅客指明通向到达厅方向。在引领的过程中,与旅客保持1~2米的距离。

(6) 巡回观察旅客下机情况,为老、幼、病、残、孕旅客提供特别协助。

三、远机位旅客引导

(1) 岗前准备:

① 与飞机预计到达时间前10分钟乘坐内场车准备进行引导服务;

② 带客梯车停稳后,服务员须上客梯检查两侧护栏拉到安全位置后方可敲开舱门。国际航班需等卫检人员对舱门进行消毒后,方可敲舱门通知乘务开舱门;

③ 开舱门后,将护栏拉到安全位置。

(2) 飞机开舱门后,首先向乘务长致意并询问特服信息:"你好,请问有特服旅客吗?"

(3) 向最先下机的旅客致意。

(4) 引导旅客下机,巡回在客梯车旁,提醒旅客注意安全,并引导旅客上摆渡车。随时为下机、乘车的老、幼、病、残、孕旅客提供特别协助(图5-4)。

图5-4 远机位接机

(5) 在摆渡车关门前,服务员应提醒门口旅客注意安全,确认旅客无误后,向摆渡车司机指示关门。

(6) 第一名服务员随第一辆摆渡车至国内远机位国内到达入口,并引导旅客至到达扶梯口。

(7) 旅客全部下完摆渡车后服务员须上车检查车上是否有旅客遗留物品。

(8) 第二名服务员继续引导下机旅客下车,并随最后一辆摆渡车至国内远机位到达入口处,并引导旅客至到达扶梯口。

第三节 过站、中转旅客服务

资料链接

中转旅客是航空公司的重要客源。在竞争日趋激烈的今天,谁能将不同航线上的城市连接成线,谁就能最大限度地占领航空运输市场,开展中转服务的航空公司航线网络发达、航班密集,可以最大限度地发挥航空运输方便、快捷的优势。

南航"广州之路"中转服务十项承诺

承诺1:一票到底 通程登机

(1) 南航在国内、国际大部分的通航城市都开通了一票到底业务,可为符合条件的旅客在始发站一次性办理中转航班登机牌和行李牌。

(2) 国内转国内、国内转国际、国际转国际办理了一票到底的旅客,在到达广州后可直接前往相应中转航班登机口登机。

承诺2:衔接时间 快速保障

南航在广州枢纽的中转最短衔接时间(MCT):

国内转国内:50分钟。

国内转国际:100分钟。

国际转国内:90分钟。

国际转国际:60分钟。

承诺3:中转柜台 综合服务

南航在广州白云国际机场共设有5个中转服务柜台,均可办理转乘手续、航班信息查询、中转住宿登记和衔接错失改签服务。

(1) 国内转国内/国际中转服务柜台3个,位于国内到达西一、西二、西三通道的尽头。

(2) 国际转国际中转服务柜台位于国际进港入境大厅左侧。

(3) 国际转国内中转服务柜台位于国际进港海关查验区后方。

承诺4:国内中转 无需安检

已经办理转乘手续的国内转国内旅客可从中转柜台附近的电梯直接前往国内航班候机厅,无需二次安检。

承诺5:"国际中转 专用通道"

国内转国际/国际转国内的旅客可通过到达区域的中转通道前往A区或B区登机口(机场免费电瓶车穿梭摆渡服务时间05:30—21:00)

承诺6:两舱中转 尊享服务

(1) 为南航豪华头等、头等、公务舱中转旅客中转引导服务。

(2) 为南航明珠金/银卡会员和天合联盟超精英/精英旅客,提供中转柜台优先办理服务。

（3）为符合中转免费住宿条件的南航头等舱、公务舱旅客和明珠金卡会员提供一晚四星级或以上酒店的免费住宿服务。

承诺7：中转行李 免提服务

国内转国内	旅客无需提取，由南航工作人员协助转运
国内转国际	旅客无需提取，由南航工作人员协助转运至海关检查区
国际转国际	旅客无需提取，由南航工作人员协助转运
国际转国内	乘坐南航悉尼、墨尔本、布里斯班、珀斯、奥克兰和伦敦航班抵达广州中转南航国内航班的旅客无需提取，但需要根据南航工作人员的指引在候检区域等候集中通关
注意：以上行李免提服务仅限于在始发站办理了中转航班登机牌和行李牌的旅客	

承诺8：中转等候 休息服务

南航中转旅客休息区设置在B区国内到达中转通道旁，休息室内提供简易饮品、阅读、娱乐、休息、淋浴、免费网络等服务，为符合以下条件的中转旅客提供服务：

（1）国内转国际和国际转国内衔接时间在4小时以上的中转旅客；

（2）国内转国内衔接时间在6小时以上的中转旅客。

承诺9：隔夜中转 免费住宿

为符合以下条件的南航中转旅客提供一晚免费住宿、次日早餐以及机场与酒店的免费接送服务：

国内转国内	隔夜中转
国际转国际	衔接时间8~48小时
国内转国际及国际转国内	澳洲中转衔接时间：6~48小时 其他航线衔接时间：8~48小时

承诺10：中转信息 全天服务：提供24小时中转信息咨询服务。

（来源：中国南方航空公司官网）

中转服务是民航针对购买联程机票的旅客而开展的空地一条龙服务。从售票这一环节开始，每个部门都会把中转旅客的姓名、人数、换乘航班情况通知后续部门。中转旅客到达换乘机场后，只要在到达大厅找到中转服务柜台，便会有专人协助其提取行李、办理后续航班登机手续，通过安检。

一、国内过站航班服务工作程序

国内中途过站分为旅客下机和不下机两种情况。

（1）过站旅客全部下机：

① 接到调度通知后，按旅客人数提前准备好过站牌及过站旅客名单；

② 进港引导服务员应于航班到达前10分钟到达登机口，并摆放好过站指示牌；

③ 引导过站旅客领取过站牌，并提醒旅客预计登机时间；

④ 航班开始登记时，应引导过站旅客先登机。

(2) 过站旅客不下机：
① 接到调度通知后，按旅客人数提前准备好过站牌及过站旅客名单；
② 进港引导服务员应于航班到达前10分钟到达登机口，并摆放好过站指示牌；
③ 航班到达后与空乘核对过站旅客人数，确认后引导本站旅客下机；
④ 待本站旅客下客完毕后，与乘务核对飞机上的过站人数；
⑤ 该站出港旅客按照出港班登机服务操作程序完成。

二、中转联程航班服务

(一) 国际转国内

(1) 中转时间5个小时以内。引导入关（检疫、边防），引导到行李提取区及指引旅客办理海关出关手续，引导旅客至中转柜台办理手续航班乘机手续；对于不属于同一候机楼情况，必须提供外场专用贵宾车摆渡，引导旅客至安检口，并指引旅客通过专用安全检查通道至休息室休息。

(2) 中转时间5个小时以上。引导入关（检疫、边防），引导到行李提取区，指引旅客办理海关出关手续，引导旅客至中转柜台办理中转住宿手续，提前安排并提供机场至酒店的地面交通；后续航班登机前2小时，由酒店安排车辆送至候机楼。

(二) 国内转国际

(1) 中转时间6个小时以内。引导到行李提取区，引导旅客至中转柜台办理手续航班乘机手续；对于不属于同一候机楼情况，必须提供外场专用贵宾车摆渡，指引旅客过海关及边防（移民局）、安全检查通道至休息室休息。

(2) 中转时间6个小时以上。引导到行李提取区，引导旅客至中转柜台办理中转住宿手续，提前安排并提供机场至酒店的地面交通；后续航班登机前3小时，由酒店安排车辆送至候机楼；住宿标准为四星级（含）以上酒店，每人一间。

(三) 国内转国内

(1) 中转时间5个小时以内。托运行李一站到底，引导至休息室休息。

(2) 中转时间5个小时以上。当日中转，托运行李一站到底；引导旅客至中转柜台办理中转住宿手续，提前安排并提供机场至酒店的地面交通；后续航班登机前2小时，由酒店安排车辆送至候机楼；住宿标准为三星级（含）以上酒店，每人一间。

次日中转，引导到行李提取区，协助旅客提取行李，引导旅客至中转柜台办理中转住宿手续，提前安排并提供机场至酒店的地面交通；后续航班登机前2小时，由酒店安排车辆送至候机楼；住宿标准为三星级（含）以上酒店，每人一间。

第四节　特殊旅客运输服务

工作任务导入

李先生及夫人为他们7岁的独生子李明小朋友办理了无成人陪伴儿童申请，他们到达机场后，请你进行接待，协助他们完成登机。

特殊旅客指的是在旅途过程中需要特殊照料的人，主要包括重要旅客、儿童、婴儿、孕妇、病残者、酒醉者、犯人、传染病人等。各家航空公司对不同的特殊旅客都有着不同的管理要求,当特殊旅客需要乘坐民航客机时,必须在购票时提出申请,征得承运人同意后方可运输,否则承运人有权拒绝特殊旅客乘坐飞机。

一、重要旅客

(一) 分类

1. 最重要旅客(VVIP)

(1) 我国党和国家领导人。

(2) 外国国家元首和政府首脑。

(3) 外国国家议会议长和副议长。

(4) 联合国秘书长。

2. 一般重要旅客(VIP)

(1) 政府部长、省、自治区、直辖市人大常委会主任、省长、自治区人民政府主席、直辖市市长或相当于这一级的党、政、军负责人。

(2) 外国政府部长。

(3) 我国和外国政府副部长或相当于这一级的党、政、军负责人。

(4) 我国和外国大使。

(5) 国际组织(包括联合国、国际民航组织)负责人。

(6) 我国和外国全国性重要群众团体负责人。

3. 工商界重要旅客(CIP)

(1) 工商业、经济和金融界有重要影响的人士。

(2) 重要的旅游业领导人。

(3) 国际空运企业组织,重要的空运企业负责人和承运人邀请的外国空运企业负责人。

(二) 订座、购票

(1) 优先保证。

(2) 了解旅客的职务、级别和需要提供的特殊服务,并做好保密工作。

(3) 联程、回程站应保证座位。

(三) 做好重要旅客的信息传递

售票处应在航班起飞前一天16:00以前将重要旅客的姓名、职称、随行人员、到达地点,所需的特殊服务等情况通知始发站的商务调度或值机人员,再汇报给领导和飞行、航行、安全、保卫、服务保障等部门及机场所在单位,然后再通知中途站和到达站,定妥座位,合理安排。

有国务委员、副总理以上的重要旅客的航班,严禁押送犯人,严禁精神精神病患者乘坐,要通知货运部门严禁装载危险物品,各部门要严格把关。

(四) 办理重要旅客的乘机手续

始发站值机部门应设置专柜,优先为重要旅客办理乘机、行李交运、联运等手续,并拍发VIP电报,通知有关部门做好迎接工作。

在安排座位时,要给重要旅客预留较好的座位或按旅客要求办理。

在重要旅客登机牌上注明"VVIP、VIP或CIP"字样,便于做好服务工作。

在航班起飞前,准确填写"重要旅客服务通知单",主动向机组交待重要旅客的身份和特别服务事项。

(五)迎送重要旅客

(1)派专人迎送重要旅客,如停机坪离候机楼较远,必要时,要安排车辆接送。

(2)将重要旅客安排在贵宾室休息,并提供适当饮料和点心。

(3)做好重要旅客的安全保密工作。

(4)重要旅客有迎送仪式或其他安排的,当地运输业部门应按照负责接待或迎送单位的要求,配合做好有关迎送工作。

(5)对重要旅客和其他旅客上下飞机的先后次序,要考虑到重要旅客的迎送仪式和方便。必要时,当地运输业务部门指定服务员引导其他旅客上机或下机进入候机室。

(6)对不愿公开身份的重要旅客,免去迎送工作,按旅客要求办理。

(六)重要旅客行李运输

优先办理重要旅客的行李收运、检查行李是否完好后,并拴挂"重要旅客"行李牌,拴挂或粘贴"小心轻放"行李标志。

(七)航班延误时对重要旅客的安排

(1)及时通知重要旅客及重要单位;

(2)对重要旅客进行重要照料;

(3)如果延误时间过长,航空运输业务部门应配合接待部门做好妥善的安排。

二、无人陪伴儿童

(一)运输条件

1. 年龄限制

承运人接受运输的无成人陪伴儿童,是指年龄在5周岁(含)以上12周岁(含)以下无成人陪伴,单独乘机的儿童。年龄在5周岁以下的儿童,原则上不予承运。

2. 一般规定

应由父母或监护人陪上机地点,并在儿童下机点安排人迎接;在经停点不准下机;儿童的父母或监护人需提供迎接儿童人员的姓名和地址;乘机时,发给儿童"无人陪伴儿童"的标志牌及文件袋。

(二)运输程序

1. 始发站

(1)检查运输申请书及文件袋。

(2)检查在目的地迎接儿童的指定接送人是否已经证实。

(3)办理乘机手续、妥善安排座位。

(4)派专人带领儿童进行安检,进入候机厅及送上飞机。

(5)填写"特殊旅客通知单"交给乘务员。

(6)向终点站拍发电报。

2. 在到达站

(1)联系迎接儿童父母或监护人。

(2)将预到达时间通知迎接儿童父母或监护人。

(3)航班到站后,乘务员将儿童和文件袋亲手交给地面工作人员。

(4) 地面工作人员将儿童和文件袋亲手交给儿童的父母或监护人。
(5) 通知经办的售票服务处,儿童的运输情况。

三、婴儿

因为新生儿的呼吸系统发育不完整,咽鼓管较短,鼻咽部常有黏液阻塞,飞机升降时气压变化大,对身体刺激较大,新生儿自己缺乏调节鼓膜内外压力平衡的能力,所以出生不足14天的婴儿及出生不足90天的早产儿不能乘坐飞机;婴儿乘坐飞机,在飞机起飞降落阶段,最好用奶瓶喂奶或水让小宝宝吸吮,大一点的宝宝可以让他们嚼飞机上提供的零食,目的就是进行吞咽动作,减少不适感。

年满18周岁以上的成年人可以携带婴儿乘坐飞机,并且每名成年人携带两个及以上的未满2周岁的婴儿乘坐飞机时,只有一个可以享受10%婴儿票,其余婴儿的必须购买50%儿童票。

四、孕妇

(一) 运输条件

(1) 怀孕32周或不足32周的孕妇可购票乘机,除医生诊断不适宜乘机外。
(2) 超过32周小于4周的需有医生证明。
(3) 四周之内或预产期不确定的,不接受。
注:诊断书需在72小时内填开,方可有效。

(二) 运输程序

办理怀孕32周以上至36周的孕妇旅客订座前,应先请其填写一式三份的"诊断证明书"及"乘机申请书"。经检查符合运输条件后,方能办理订座手续。经检查符合运输条件后,方能办理订座手续。办理孕妇旅客订座,只限申请订座,不能自由出售或随售随报。

售票部门检验孕妇旅客乘机的运输条件以后,应拍发订座电报,得到座位控制部门证实后,方可办理售票手续。客票填开后,应将"诊断证明书"及"乘机申请书"附在客票上,然后拍发特殊旅客运输电报,在运输当天运输部门做妥善安排。

五、病残旅客

为了防止病残旅客在运输过程中发生意外,保证航班能正常、安全的运行,对于病残旅客的运输民航有较为严格的要求。

首先,病残旅客需出示医院的诊断证明书。诊断证明书一式三份,需由县、市级或相当于这一级医疗单位填写旅客的病情及诊断结果,并经医疗单位盖章。诊断证明书在航班起飞前96小时以内填开方为有效,病情严重的旅客,则应在该航班起飞前48小时内填开。

其次,病残旅客需填写"病残旅客乘机申请书"一式二份,一份留在始发站,一份由乘务长交到达站,以表明如果旅客在旅途中病情加重,死亡或给其他人造成伤害时,由申请人承担全部责任。该申请书应由旅客本人签字,如果本人书写有困难,也可由其家属或监护人代签。

原则上,病残旅客除了病情比较轻,病人已适应自己的行动不便状况,能很好照顾自己,并且病情在近期不会恶化,经医生证明可以单独乘机外,必须有陪伴人员。对于因公负伤需要抢救的旅客,应当优先安排。

办理病、伤旅客的售票,要从关心旅客的角度出发,积极热情地为旅客解决困难,同时应当考虑到旅客在旅途中的安全和对其他旅客的影响,作好妥善的安排。

患重病的旅客购票应提供医疗单位出具的适于乘机的证明。要搞清楚该旅客是否适于乘机和其他旅客有无不良影响,方可确定应否售票。对于患精神病、传染病或高血压、冠心病等疾病的旅客,凡病情严重或影响其他旅客的安全等,都不予售票。

(一)患病旅客

在给患病旅客办理乘机手续时,应注意观察其病情神态,再次确定其是否适于乘机,如判定不宜乘机,应即按有关退票规定办理。

如需放置担架、躺卧,需要拆去或多占座位时,应在售票前提出,征得相关部门同意后,按实际占用的座位数售票。旅客在飞行途中,临时因病需多占座位时,如有空余座位,不另补票。

患有恶性传染病者,因精神或健康情况可能危及自身或其他旅客的安全者,面部严重创伤、有特殊恶臭或特殊怪癖,可能引起其他旅客的厌恶者,承运人有权拒绝运输。

(二)轮椅旅客

1. 分类

(1) WCHR:可以自己上下飞机,并在机舱内可以走到自己的座位上。

(2) WCHS:不能自己上下飞机,需背扶,但在机舱内可以走到自己的座位上。

(3) WCHC:完全不能动弹。

2. 运输限制

每个航班 WCHS(和、或)WCHC 只限两名,WCHR 不限人数。

(三)担架旅客

对于担架旅客除须遵照病残旅客规则之外,还必须根据下列规定办理:

(1) 飞机起飞前 72 小时订座,每个航班只限载一名。

(2) 必须有一名医生或护理人员陪同。

(四)盲人

盲人旅客是指双目失明的旅客,不是指眼睛有缺陷的旅客。对于眼睛有缺陷的旅客,按伤病旅客处理。

(1) 分类:成人陪伴盲人,携带导盲犬盲人,无人陪伴盲人。

(2) 一般规定:

① 在每一个航班的每一航段上,只限载运一名无成人陪伴或携带导盲犬盲人;

② 为盲人旅客安排适当座位(如靠窗口或靠近乘务员的座位);

③ 安排并协助盲人旅客提前登机;

④ 如旅客携带导盲犬,应在登机牌上注明;

⑤ 如有经停站,在航班上有工作人员的条件下,为盲人旅客做出在机上停留的安排。

(3) 携带导盲犬盲人的运输条件。因为航程、机型等原因,承运人可拒绝承运;导盲犬必须有免疫注射证明和检疫证明,才可带上客舱;盲人旅客需在乘机当日,在指定的时间、带导盲犬到机场办理手续;导盲犬在上飞机前必须带上口套及牵引的绳索,上机后伏在旅客脚边;如果导盲犬在途中受伤、生病、死亡,由盲人旅客自行负责。

(4) 无人陪伴盲人旅客的运输条件：
① 自己能走动，有照料自己能力，用餐时不需其他人帮助；
② 由家属或照料人员送上机，在到达站有家属或照料人员在下机点迎接。

六、其他特殊旅客

(一) 酒醉旅客

当旅客受酒精、麻醉品或其他毒品中毒，明显会给其他旅客带来不愉快或造成不良影响的人，属于醉酒旅客。旅客是否属于醉酒旅客，承运人有权根据旅客的外形、言谈举止判断决定旅客是否适宜于乘坐飞机。在旅客上机地点，对于酒后闹事或有可能影响其他旅客的旅途生活的酒醉旅客，承运人有权拒绝其乘机。

如果在飞行途中，对于发现旅客处于醉态，不适应旅行或妨碍其他旅客的旅行时，机长有权令其在下一经停点下机。

当醉酒旅客被拒绝乘机需退票时，按非自愿退票处理。

(二) 犯人

运输犯人的全航程，有关公安部门必须至少派有两人监送。监送人员在运输的全航程中，对所监送的犯人负全部责任，并且监送人员携带的武器由安检部门收下，交机组保管。

在办理犯人乘机手续时，应将犯人和监送人员的座位安排在一起，尽可能远离一般旅客，并注意不要安排在面对紧急出口和靠窗的座位。

监送人员在进入机舱前以及在整个飞行途中将犯人戴上手铐，并尽可能适当伪装，以免影响其他旅客。

机组人员注意不要让犯人接近可能造成危害的物品，如就餐以前，不要把刀、叉等餐具直接供给犯人，要在监送人员可以控制的情况下提供。

(三) 传染病、精神病、艾滋病旅客

(1) 甲类烈性传染病患者，严禁乘坐民航飞机。
(2) 乙类急性传染病患者，可包舱或包机。
(3) 精神病情严重患者，不予承运。
(4) 对艾滋病患者的乘机规定：
① 国内航班原则上不接受艾滋病患者乘机。
② 各驻外办事处在办理旅客乘机手续时，对发现有艾滋病症状或疑点的旅客要及时询问，并报告当地检疫部门查清；凡患有艾滋病的外国人，不准乘我国飞机入境。
③ 对入境后发现有艾滋病患者，原则上应由承运进境的航空公司负责用其最早航班运送出境。
④ 艾滋病患者乘我国承运人班机出境时，卫生检疫部门应预告通知承运人，经同意做出适当安排后方可办理乘机手续。值机部门应将旅客姓名、座位号等有关情况通知乘务长。
⑤ 驻外办事处接受我国人员中的艾滋病患者乘机回国，应要求当地卫生检疫部门提供必要的书面证明，并提前通知国内运输服务部门，由运输部门负责通知各有关单位做好安排(原则上我国承运人不接受，特殊情况需报公司领导批准)。
⑥ 接受艾滋病患者乘机时，机场卫生检疫部门应提供机上服务设备和乘务人员所必

须的和有效的消毒药品及用具,并告知具体办法。机上乘务人员应按特殊旅客服务规定对待艾滋病旅客。

工作任务解析

(1) 出港:首先,填写"无成人陪伴旅客乘机申请书"及"特殊旅客服务通知单";在航班预计离站时间前 30~45 分钟左右(如遇航班延误顺推至实际登机前 10 分钟左右)与李先生夫妇进行交接;先于其他旅客将李明小朋友带进客舱,与乘务员完成交接,提示他的航程、有无交运行李等。

(2) 进港:与其亲属进行交接,核对"无陪申请书"上的亲属姓名、身份证件、电话等重要信息,在工卡上签名交接;当接站亲属因故不能及时赶到机场,服务员应立即根据"无陪申请书"上提供的联系方式与接站亲属联系,直到接站亲属赶到将李明小朋友接走为止。

单元小结

(1) 熟悉国内、国际进出港航班的流程十分重要。
(2) 对特殊旅客应根据特殊旅客类型提供相适应的引导服务。
(3) 引导员应该明确自己的岗位职责和要求。

模拟工作任务

根据本章内容提供 1~2 个工作任务,供学生进行模拟实操。

工作任务:请为一组旅客进行登机引导,这组旅客中有一名盲人、一名轮椅旅客。

任务描述:由两名学员扮演盲人和轮椅旅客,2~3 名学员担任验放员、送机员、外场员,完成登机引导流程。

任务目标:掌握登机引导程序,理解特殊旅客服务要领。

学习单元六　民航高端旅客服务

学习内容

目前,高端旅客已经成为航空公司竞相争取的关键旅客群体。本单元将介绍高端旅客的范畴、高端旅客服务项目、高端旅客服务团队的各岗位职责,并从服务操作流程入手,详细介绍了航前服务、值机、休息室服务、登离机、中转过境、行李收运的具体操作规范和要求。

学习目标

（1）了解高端旅客的范畴和特点。
（2）熟悉各岗位职责。
（3）掌握服务流程中各环节的操作规范,尤其是语言规范。

资料链接

高端旅客服务:一场个性化服务的竞赛

近年来,随着民航市场进入服务竞争阶段,高端旅客日渐成为航空公司竞相争取的重要客户群。对于高端旅客群体,高职位、高收入、高消费的他们更需要方便、快捷、舒适、尊贵的高端服务,更看重的是航空公司提供给他们的全方位和个性化服务。

针对这样的需求,国航、南航、东航这三大航空公司对于高端旅客这一特殊群体的增值服务各具特色,以其不同的服务理念,赢得了客户群的同时,也获得了旅客的认可。

1. 管家式服务方便旅客

空地一体化优质服务一直是航空公司及地面服务保障部门致力追求的目标,对待高端旅客更是如此。事实上,高端服务并非人们想象中简单的"迎、接、送、往",要想感动旅客,用心服务必不可少,个性化的管家式服务更是不可或缺。

为实现高端服务的无缝隙,南航为高端旅客专设了高端客户经理,他们随时为高端旅客提供"全程引导服务"。当旅客踏上专用值机柜台前的红地毯时,导乘员主动迎接,根据旅客座位喜好办理值机手续,托运大件行李,并引领旅客过安检绿色通道进入明珠贵宾休息室候机。体验过南航高端服务的旅客基本都会有南航高端客户经理的联系方式,在乘机之前只要给经理打个电话,就会享受到"一对一"的管家式服务。

在高端旅客享受航空公司为其提供的"一条龙"服务时,也会偶尔遇到一些诸如临时更改行程之类的突发状况,航空公司对此亦推出了相关配套服务,这其中就包括东航简化高端旅客自愿或非自愿航班变更后更换登机牌的服务。这项服务的推出不仅在最大限度上满足了高端旅客个性化需求,节约了等待更换登机牌的时间,还免去了二次安检,极大方便了旅客的出行。

针对高端旅客,国航2010年年初也推出了客户经理制,客户经理成为了"贴身管家"。同时,为使高端旅客享受到舒适的服务,国航专门设置了客户经理专线,精心打造了由专线客户经理、机场现场客户经理、"国航知音"客户经理组成的客户经理团队,以便对高端旅客提供高品质的个性化服务。

2. 美好的候机体验

对于很多旅客而言,等待登机的那段时间是十分无聊的,如果遇上航班延误,感觉更甚。为了给高端旅客提供更加舒适的候机体验,各大航空公司不断提升贵宾休息室的服务品质,并设立独具特色的品牌服务项目。

"五星级酒店的服务,让我很满意……""东航的贵宾室让我宾至如归……"翻开东方航空位于虹桥国际机场2号航站楼V5贵宾休息室的意见簿,一页一页记录下了旅客的心声。目前,东航在虹桥和浦东国际机场共有10间贵宾休息室,除提供多种美食外,休息室里种类繁多的报刊成为其一大特色。据了解,高端旅客在东航的贵宾室内可阅读到当日同步送达的各类报纸杂志,包括新闻、财经、地产、时尚、美容、汽车等9个大类50余种中外报刊,其中不乏"TIME(时代)"、"NEWSWEEK(新闻周刊)"等多种知名报纸杂志。此外,法语、日语、韩语等小语种报纸的数量也很多,深受旅客欢迎。

与东航不同,国航更注重贵宾休息室的餐食方面。为了满足不同时段航班旅客的就餐需求,国航的贵宾休息室延长了午餐和晚餐的供应时间,并对午餐、晚餐供应的餐台进行了重新设计,分别设立了冷餐区、热餐区和汤品饮料区,用台布、装饰物对小吃台、就餐区进行了重新装饰。考虑到不同国籍、不同年龄、不同性别旅客的差异化需求,两舱休息室进一步丰富了早餐品种,增加了午餐、晚餐简餐供应,在原有供餐品种的基础上,增加了虾饺、烧麦等蒸品类热食,配备了蔬菜沙拉、三明治等适口冷餐,还增加了不少葡萄酒品种。

除了在餐食方面下工夫外,航空公司还积极改善贵宾休息室的硬件设施,营造高品位的休息环境。据南航地服人员介绍,南航为高端旅客提供的贵宾休息室按照季节变化以"春暖花开"、"夏日清凉"、"秋高气爽"、"冬意绵绵"四大主题为架构,应季花卉的更换、计算机桌面的设计等无不围绕这四大主题进行策划,营造出亲切、自然的休息环境,让旅客找到家一般的温馨感觉。

3. 信息化提升服务水平

王先生是国航的高端旅客,最近一次乘机让他感受到了国航的"特殊服务"。当空姐推着餐车走到他面前时,没有像往常一样询问他需要喝点什么,而是直接问道:"王先生,您是不是还是要一罐啤酒呢?"其实,所有的"秘密"都来自于空姐在登机前掌握的客户个人信息。如今,航空公司信息化和电子商务的改进以及手机、计算机的运用,正在改变传统的航空公司服务流程和旅客的出行习惯。

据了解,在国航开发了高端客户管理系统、建立了旅客旅行习惯档案后,如今在其地面服务部的计算机中,储存着4700多名白金卡旅客的5000多条信息,详细记录着旅客的习惯、爱好等,有效地帮助国航进一步提升了高端客户个性化服务水平。

南航也拥有一个高端旅客数据库,两舱和金银卡会员等高端旅客的饮食喜好、座位喜好等信息都会录入其中。待旅客再次选择南航,光临贵宾休息室时,服务员便会主动送上客人喜欢的饮料,让旅客感觉到像家一样的温馨。此外,南航在广州还设有高端调度中心,通过调度中心密切跟踪高端旅客服务动态,接收系统内各单位的高端旅客服务信息并进行处理,及时向业务部门发布动态信息,实现高端服务信息的有效传递和对高端服务的人员、车辆等进行有效的调度。

不仅如此,航空公司针对高端旅客的信息化服务还体现在很多方面。例如,东航设在贵宾室中的电子签牌服务就让不少旅客感觉到查询航班信息变得更加方便。电子签牌其实是东航采用了最新的科技成果,在东航上海贵宾室推出的全新的航班信息通知模式。电子签牌由计算机显示屏和中央控制器组成,每个旅客的休息座位旁安放了计算机显示屏,并连线中央控制器,中央控制器与东航的航班信息系统联网,在集中收集航班信息后,根据旅客不同需求,由中央控制器向指定旅客发布航班信息。另外,电子签牌在设计时还添加了呼叫按钮,旅客有任何需要都能通过按钮呼唤工作人员。

(来源:中国民航报)

随着国内外航空市场环境的不断变化,航空公司之间竞争的焦点也在发生悄悄的转移,重要表现之一就是从传统的产品竞争、服务竞争,进一步发展到了对有限客户资源的激烈争夺,越来越多的航空公司开始关注能给企业带来巨大收益的关键旅客群体——高端旅客。

第一节 高端旅客概述

一、高端旅客的范畴

高端旅客并不是狭义地指那些社会地位显贵的高官政要或社会知名度高的文艺从业者,而是指能为航空公司带来丰厚利润的关键旅客群体,包括两舱旅客(头等舱和商务舱旅客)及真正意义上的常旅客。此类高端旅客在有的航空公司的总旅客量中人数虽仅占2%,但贡献的收入却占了航空公司总旅客收入的8%。

如表6-1所列,高端旅客是指需给予特别礼遇和关注的旅客,包括以下几类。

表6-1 高端旅客分类表

客户分类	代码	说明
最重要旅客 VERY VERY IMPORTANT PERSON	VVIP	(1) 我党和国家领导人; (2) 外国国家元首和政府首脑; (3) 外国国家议会议长和副议长; (4) 联合国秘书长
一般重要旅客 VERY IMPORTANT PERSON	VIP	(1) 政府部长、省、自治区、直辖市人大常委会主任、省长、自治区人民政府主席、直辖市市长和相当于这一级的党、政、军负责人; (2) 外国政府部长; (3) 我国和外国政府副部长和相当于这一级的党、政、军负责人; (4) 我国和外国大使; (5) 国际组织(包括联合国、国际民航组织)负责人; (6) 我国和外国全国性重要群众团体负责人; (7) 两院院士

(续)

客户分类	代码	说明
工商界重要旅客 COMMERCIALLY IMPORTANT PERSON	CIP	(1) 工商业、经济和金融界重要、有影响的人士； (2) 重要的旅游业领导人； (3) 企业负责人
精英会员		航空公司贵宾卡会员、国际航空联盟精英会员、航空公司内部 VVIP/VIP
两舱旅客		头等舱和公务舱旅客

二、高端旅客的需求特征

高端旅客为什么能成为航空公司收益的关键贡献者？

众所周知，头等舱和商务舱旅客的票价往往是经济舱全票价的2~3倍，显然，一名两舱旅客对航空公司收益的边际贡献远远要比经济舱旅客的边际贡献大。据分析，一名头等舱的客人带来的利润，往往等于5~10名折扣票经济舱客人的收益。

近年，每家航空公司都发展了大批常旅客会员，但据调查，大部分旅客的会员卡成了"睡眠卡"，很少使用，只有10%~15%的会员是真正意义上的常旅客，即年乘机次数在20次以上，几乎每月有两次单程航空旅行的经历。这批旅客基本是航空公司都高度重视的金卡、银卡甚至钻石卡旅客。他们虽然不一定每次都乘坐头等舱或公务舱，但他们对航空服务非常熟悉，并且常常会比较哪家航空公司的服务好，进而逐步选定自己偏好的航空公司，能持续不断地为航空公司收益做出贡献。

给航空公司带来高收益的同时，高端旅客对航空公司服务的需求偏好和要求也与普通旅客存在着明显的差异。主要表现在以下方面。

(1) 以公商务出差为主要旅行目的，公费旅客占多数。高端旅客对票价不敏感，其是否出行或出行的时间安排很少受机票价格的影响，即经济学中所说的需求价格弹性小。

(2) 高度关注时间，重视时间成本。对高端旅客而言，合适的航班时刻就是他们顺利成行的首要保障要素。

(3) 机场候机服务及机上服务要求高。高端旅客对候机服务和机上服务的硬件设备和工作人员服务态度都有更高的要求。这与高端旅客自身的工作压力、生活方式、社会身份以及生活水平不无关系。

(4) 关注延伸服务和个性化服务。对于高职位、高收入、高消费的高端旅客群体而言，仅仅实现空间位移转换的航空运输产品远远不能满足他们的需求，他们看重和期望更多的延伸服务和个性化服务，需要方便、快捷、舒适、尊贵、私密的高端服务，以满足他们对于时间、环境、尊贵、个性的需求。虽然这样的服务可能会价格不菲，对普通旅客而言是奢侈消费，但对他们则可能正是所必需的产品。

三、高端旅客服务要求

(1) 地面服务保障部门应掌握航班动态信息，熟练运用地面服务相关信息系统（离港系统、地服系统、常客系统、行李查询 WORLDTRACE 系统、订座系统、高端旅客服务系统等），主动为高端旅客提供服务指引、业务咨询。

(2) 为高端会员旅客提供里程查询、里程补登等会员服务。

(3) 为非会员头等/公务舱旅客提供现场入会服务,发展其成为会员。在有条件的机场可现场为旅客制作并发放正式会员卡。

(4) 确保高端旅客服务在地面各环节的实施,如金/银卡高端旅客座位前置、行李优先交付等。

(5) 及时处理高端旅客的现场投诉,尽量在现场解决相关问题,避免投诉升级,并做好相应记录备查。

(6) 及时处理高端旅客在地面各服务环节的突发事件,对服务接口问题以及高端旅客的特殊需求进行沟通、协调和督促,并做好相应记录备查。

四、机场地面服务场地设施标准

(一) 高端旅客值机区域/柜台

(1) 使用统一的航空公司值机柜台 VI 标识,清晰标明航班的值机区域。

(2) 在值机区域设置专门的高端旅客值机柜台或划定高端旅客值机区,柜台可分别按照高端客户服务经理柜台、重要旅客柜台、头等舱旅客柜台、公务舱旅客柜台、金卡会员柜台、银卡会员柜台等类别设置。应用航空公司 VI 标识和头等舱、公务舱等字样标明不同功能柜台。头等舱、公务舱柜台数量不少于一个。在航空公司自办业务场站设置高端旅客专用的头等舱、公务舱值机柜台。

(3) 头等舱柜台前的地面上需铺设有航空公司专用标识的迎宾地毯,柜台上摆放雅致美观的鲜花或干花。

(4) 使用隔离带或隔离护栏将头等舱、公务舱柜台与普通旅客柜台隔离。

(5) 在航空公司分(子)公司、基地由航空公司地面服务保障部门提供值机服务的城市,设置专门的两舱旅客值机休息区。有条件的机场在休息区内设置座椅、沙发、茶几等基本设施。

(二) 高端旅客专用通道

(1) 为高端旅客提供专用安检通道,实现快捷安检。在有条件的机场,提供有效的捷运协助。

(2) 设置高端旅客优先登机通道(图6-1),优先安排高端旅客登机。对 VIP、头等/公务舱旅客,提供专人引导登机服务。

图6-1 南航高端旅客国内航班优先登机通道标识牌(卡样)

（3）对远机位航班提供专用车辆,负责 VIP、头等/公务舱旅客的接送和引导服务。

（三）航空公司贵宾休息室

在航空公司各基地设置的"航空公司贵宾休息室",以及在非航空公司基地各站点使用代理方提供的头等/公务舱休息室,为航空公司高端旅客提供舒适、便捷的候机服务。在有条件的机场,为 VIP、头等/公务舱旅客以及航空公司金/银卡会员旅客、精英旅客分别设置贵宾休息室。

1. VIP、头等/公务舱旅客专用贵宾休息室

休息室参照航空公司贵宾休息室的 VI 要求进行装修,设置服务台、休息区、商务区、书报区、吧台等功能区,为候机旅客提供餐饮、娱乐、商务等人性化服务。各区基本设置如下:

（1）服务台。在休息室门口位置设服务台,安装计算机终端设备,及时获取航班信息,为旅客提供航班动态信息查询,并摆放雅致美观的鲜花或干花。

（2）休息区。使用沙发、绿色植物、有线电视等物品间隔出相对独立的空间,保持空气流通,使用淡雅的空气清新剂,营造出一个使人心情舒畅、无紧张感,适合休息、交谈的良好氛围(图6-2)。

（3）商务区：

① 环境整洁,灯光明亮。

② 可视条件为旅客提供免费增值服务,如手机充电、代收发传真等。旅客可通过无线网络、网线、计算机实现上网服务,完成收发电子邮件、浏览网页及在线聊天等服务。

③ 旅客在休息室联系商旅服务柜台,完成传真、扫描、打印、装订、姓名地址查询以及帮助设置无线网络、网线连接等服务。

（4）书报区。设高度适宜的书报架,及时更换各类杂志(备有当地主流媒体的报纸5种以上和各类内容健康的书刊杂志5种以上),在醒目位置摆放杂志。

（5）吧台：

① 冷热饮料国内航线不少于9个品种,国际航线不少于11个品种,并有小食、水果或干果供应。可精心选择和搭配各类小食和酒水。

图6-2　南航明珠俱乐部贵宾室

② 休息室提供的食品应符合食品卫生标准。
③ 提供高档餐食及酒水饮料,旅客可以通过菜单选择酒水饮料,服务人员提供人性化的周到服务。

2. 金/银卡、精英会员旅客专用贵宾休息室

休息室参照航空公司贵宾休息室的 VI 要求进行装修。使用沙发、绿色植物、有线电视等物品间隔出相对独立的空间,为旅客提供舒适、整洁的休息环境。为旅客提供适当的冷热饮料及书报杂志。旅客可通过无线网络、网线、计算机实现上网服务,完成收发电子邮件、浏览网页及在线聊天服务。休息室采用自助服务。

第二节　各岗位工作职责

一、贵宾柜台服务员职责(A 岗)

(1) 负责高端旅客专用服务柜台的相关票务、常旅客相关业务、特殊服务接待及航班不正常高端旅客服务工作。
(2) 负责各类相关票证和印章的安全,严格按照规定正确使用。
(3) 负责销售报表和盘存报表的按时完成。
(4) 负责做好旅客信息收集和反馈工作,协助完善高端旅客数据库。

二、值机柜台服务员职责(B 岗)

(1) 负责提供高端旅客和公司贵宾的问询服务。
(2) 负责协助重要旅客、高端旅客和公司贵宾办理乘机的相关手续,处置可能出现的特殊情况。
(3) 负责航班不正常时的高端旅客服务工作。
(4) 负责发展常旅客工作。

三、前台服务员职责(分 C、D、E 岗)

(一) C 岗

(1) 负责掌握和监控航班动态、信息的接受和传递工作。
(2) 负责休息室餐食和饮料的预定工作。
(3) 负责接听内线电话和各种服务指令的发布。
(4) 负责远机位 VIP 摆渡车的调度工作。
(5) 负责航班不正常情况下高端旅客的航班改签和膳宿安排。
(6) 负责 VIP 旅客信息的传递和航班监控工作。
(7) 负责做好旅客信息收集和反馈工作,协助完善高端旅客数据库。
(8) 负责非高端旅客进入休息室的解释工作。
(9) 负责各种印章的使用和管理工作。
(10) 负责建立和完善高端服务工作台账。
(11) 负责完成主管及上级领导交办的其他工作。

(二) D 岗

(1) 负责接听服务热线电话,根据旅客需求接受和落实机上座位预定和预打登机牌、特殊餐食的预定工作。

(2) 负责高端旅客客票预定和改期工作。

(3) 负责航班不正常情况下高端旅客的通知、改签和膳宿安排工作。

(4) 负责把收集到的高端旅客信息录入数据库的工作。

(5) 负责休息室设备报修、记录工作。

(6) 负责完成主管及上级领导交办的其他工作。

(三) E 岗

(1) 负责接收重要旅客、头等舱、公务舱和公司贵宾进入休息室登记工作。

(2) 负责当日增减重要旅客的信息记录与传递工作。

(3) 负责接听服务热线电话,协助旅客做好航班改签、订票、问询等工作。

(4) 常旅客业务(修改密码、兑换免票、里程升舱、里程补登、接收入会申请、现场制卡等)。

(5) 负责航班不正常情况下旅客的服务工作。

(6) 负责休息室内旅客行李寄存的服务工作。

(7) 负责完成主管及上级领导交办的其他工作。

(四) 室内服务人员职责(分 F、G 岗)

1. F 岗

(1) 负责旅客登机的引导工作。

(2) 负责 VIP 室旅客的服务工作。

(3) 负责不正常航班旅客的服务。

(4) 负责航班上高端旅客时的登机提示工作。

(5) 负责旅客的问询工作。

(6) 负责常旅客发展工作,推广常旅客相关业务。

(7) 负责完成主管及上级领导交办的其他工作。

2. G 岗

(1) 负责对食品公司的餐饮服务进行监控。

(2) 负责对休息室内的保洁服务进行监控。

(3) 负责不正常航班旅客的服务。

(4) 负责上网区域、影视区、航显系统、吸烟区设施设备的使用和管理工作。

(5) 负责旅客的问询服务。

(6) 负责常旅客发展工作,推广常旅客相关业务。

(7) 负责完成主管及上级领导交办的其他工作。

第三节 高端旅客服务操作实务

一、航前服务操作

(一) 信息传递

1. 收集旅客信息

在始发站,第一次收集信息应在航班初始化后立即收集次日始发重要旅客信息,第一次收集之后,在航班关闭前,至少进行两次名单更新;在中转/经停站,在前站航班起飞后立即收集当日中转旅客信息;在到达站,在前站航班起飞后立即收集当日到达旅客信息。

2. 确认、增补旅客信息

旅客、专/包机保障组织监控者(如高端经理)应根据旅客信息,进一步确认旅客服务信息,填写航班保障任务书(图6-3)。VVIP以及应重点关注旅客必须进行二次确认。确认、增补信息应至少包括高端旅客系统中所列项目(各类喜好信息等)以及接待地点/时间、职务、旅客随行人数、托运行李、休息地点、联检级别、特殊要求等信息。应主动告知旅客航班动态、我方联系电话。

VVIP/重大航班保障任务书

日期:_____ 值班经理:_____ 客户经理:_____

航班性质:□专机 □包机 □包机有散客 □VVIP航班

航班号:____ 机型:____ 机号:____ 机位:____ 执飞公司:____

□ 进港 计划预达时间:_____ 实际到达时间:_____

□ 出港 计划预达时间:_____ 实际到达时间:_____

    计划起飞时间:_____ 实际起飞时间:_____

主宾姓名:_____ 座位号:____ 随员:_____ 座位号:____

托运行李:____/件 提取地点:□机下 □贵宾室 □传送带____

部门	职责	任务描述	负责人	完成情况
调度	(1)收集要客信息 (2)传递服务信息 (3)……	(1) 预留座位		
		(2) 向中转站、到达站发送《通知单》		
		(3)……		
值机	要客引导	全程一对一引导		
	值机手续办理	提前预接登机牌		

图6-3 重大航班保障任务书

3. 信息变更

当重要旅客行程变更时,根据销售部门发布的重要旅客更改或删除信息,及时做好调整。对于"临时增加的重要旅客",即在各系统中没有旅客的记录或者是不在已发布的重要旅客预报单上的重要旅客,始发站、中转站、到达站要及时将信息补充并发布到本站调度部门,确保重要旅客信息能够完整、准确的记录和传递。航班起飞后,始发站必须拍发旅客VIP电报,通知有关中途站和到达站。在重要旅客航班起飞后5分钟拍发LDM报。

(二) 引导协助

高端旅客到达候机楼起,为客人提供全程引导协助服务,直至离开候机楼。为旅客提供"一对一"引导协助服务。

(1) 姓氏尊称:全程提供姓氏尊称服务,若知道旅客职务,"姓氏+职务"称呼优先使用。

"王总,您好! /早上/中午/晚上好!"

(2) 介绍:自我介绍,阐述清楚身份。

"王总,您好!我是南方航空公司服务人员×××,很荣幸为您服务!"

(3) 信息告知:引导过程中,耐心、准确地回答旅客的询问。首次见面时,应主动告知航班动态。

"王总,您好!您乘坐的航班/衔接的中转航班,目前正点。"

(4) 中途离开:如应旅客要求,不需陪同,则要为旅客指明方向,并提供咨询方式。同时告知下一流程点旅客特征、路线,做好全程跟进服务。

"王总,您好!向前走50米就是×××登机口/休息室,沿路有清晰的指引;如果有任何疑问可向工作人员咨询或者拨打我们的服务电话。"(递上印有现场服务支持电话的卡片等)

(5) 道别:主动和旅客礼貌道别。

客舱:"王总,祝您旅途愉快!"

二、值机服务操作

(一) 高端旅客优先办理乘机手续

(1) 头等舱旅客在头等舱柜台办理乘机手续,如当地无头等舱柜台,则在公务舱柜台办理。

(2) 公务舱旅客在公务舱柜台办理乘机手续。

(3) 根据各航空公司不同规定,金、银卡及精英会员旅客均可在头等舱柜台或公务舱柜台办理乘机手续。

(二) 无柜台一站式服务

高端旅客值机柜台工作人员接收旅客旅行证件、票证等物品以及手续办理完毕后,唱交登机牌等物品时,应提供站立式迎送服务。通过与高端旅客眼神、语言和动作的互动交流,加深旅客尊贵感受。

1. 迎客

"十步微笑,五步问候":在距离旅客十步左右,工作人员应接触旅客的眼神,展示微笑。在距离旅客五步左右,工作人员应起立、主动问好。

"先生/小姐,早上/下午/晚上好!请出示您的证件及机票。"

2. 查验证件

双手接过旅客证件及机票,快速、准确查验,一般身份证件8秒以内,护照30秒以内。在查验旅客护照或机票时,开始对旅客使用姓氏职务称呼。

3. 录入会员资料

与旅客确认会员信息,询问是否是联盟成员。

"李总您好!您是XX航金卡会员,请问您的卡号是××××××吗?"

"请问您是南航明珠会员或天合联盟会员吗?"

4. 询问座位喜好

询问旅客座位喜好。根据旅客要求发放座位,如不能满足需求必须进行解释。

"李总,我们为您预留了第一排靠窗位,您还有别的需求吗?"

5. 托运行李

询问旅客是否有托运行李。请客人查看"行李安全提示",询问安全问题,回答旅客疑问。专人协助客人托运行李,提醒旅客手提行李规定。

"请问您有托运行李吗?请查看行李安全问题提示。"

"您有随身携带行李吗?您的酒(油、蜂蜜)必须托运,不能随身携带。这件手提行李超过了规定尺寸/重量,所以不能带入客舱内。"

检查旅客的行李包装,主动为行李上锁;发现包装不合理或行李破残请旅客签署免责,做到行李规范收运。

"这个箱子包装不符合要求,我们引导您前往柜台打包。"

"您的箱子把手有破损。请在行李免责牌上签名。"

在到达站,与旅客确认行李的运送目的地,按照旅客的要求,在签证允许的情况下将旅客的行李运至旅客希望领取的地点。

"李总,您的最终目的是×××。您是要将您的行李托运到您的(目的地)还是(您的第一站)?"

为旅客拴挂 VIP 优先行李牌(图 6-4);

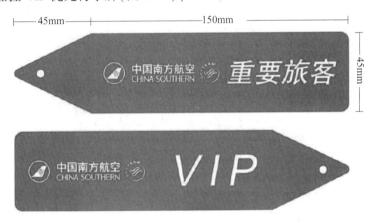

图 6-4　南航 VIP 优先行李牌

双手奉还旅客行李牌,唱交行李件数与目的地等信息。

"李总,这是您的三件行李,目的地是×××。"

(三) 座位预留

(1) 地面服务保障部门对航班进行初始化时,在不影响飞机载重平衡的情况下锁定航班前排区域,为高端旅客进行座位区域预留。

(2) 值机柜台工作人员通过离港系统获取旅客预选座位信息,或主动询问高端旅客对机上座位的喜好,保证高端旅客预选座位的落实。

(3) 如系统没有座位提示或旅客没有特别要求,应在不影响飞机载重平衡的情况下,根据高端旅客身份及到达时间,按照由前至后的顺序安排。

(4) 遇非自愿降舱旅客,应安排在普通舱前排,并按照旅客原有舱位提供地面服务。遇非自愿升舱旅客,按逐级提高等级的原则安排旅客分别在公务舱或头等舱内就坐,座位应从后向前集中安排,并尽量与正常旅客分开。

(5) 如航班不满员,在满足平衡条件要求下,可将高端旅客分开安排,使旅客更感舒适和便利。

（6）为乘坐普通舱的金、银卡会员旅客安排前排位置。

（四）贵宾休息室邀请卡

邀请卡是为重要旅客、头等舱、公务舱旅客及会员旅客提供休息室服务的凭证（图6-5），填制邀请卡时应书写工整、字迹清晰；邀请卡以一人一卡形式发放，符合进入休息室条件的随行人员也应按个人发放邀请卡；邀请卡填写的内容包括旅客姓名、会员卡号（前冠会员航空公司的二字代码）、航班号、日期以及会员级别等；填制邀请卡的工作人员须在卡上签字；每一张邀请卡与登机牌一起在航班离站前一次性使用。

图6-5 南航明珠俱乐部邀请卡（参考卡样）

三、休息室服务操作

休息区域一般是提前为旅客预留好就坐区域，以离入口最远、安静、舒适、隐私性相对较高的区域为首选。服务中做到"三轻"：说话轻、动作轻、走路轻。巡视时需脚步轻缓，使用无声设备。对休息室内音量过大或行为不雅旅客进行必要的提醒或有效干预。在不打扰旅客的基础上，每15分钟巡视一次旅客休息区域，进行"循环式不间断服务"。在服务过程中，应善于观察旅客动态，预知客人需求，做到"零呼唤管理"。与旅客进行较长时间沟通时，应采取半蹲姿势，确保旅客有舒适的视线角度。为旅客服务或沟通结束后，离开时应自然地后退两步再转身离开，以示尊重。服务按照先宾后主、先女后男、先身份高后身份低的先后顺序操作。

（一）迎接并引导高端旅客进入休息室

服务员需提前了解旅客所乘航班动态，掌握航班信息。

"李总，您好！欢迎光临南方航空公司明珠贵宾休息室旅客！我是南航服务人员×××，很高兴为您服务。您乘坐的航班目前是正点到达/还有×小时到达本场。您希望先登机还是最后登机？"

（二）就座服务

1. 热毛巾服务

旅客就座后，及时为客人送上热毛巾盘，放置于客人左手方向。将温热、松软的小毛巾卷成春卷形,整齐摆放在毛巾盘内,每次不可少于两条。送出时,用手握住毛巾盘边缘,注意手指不要触摸到毛巾。回收时,使用毛巾夹和另外的毛巾盘。

2. 休息室介绍

服务人员主动向旅客简要介绍休息室服务。

"李总,您好!休息室里提供各色小吃、饮料,您可以观看电视或阅读报纸、杂志;我们还有免费网络、按摩椅等服务;前面转左是贵宾淋浴间。如有其他问题,我们随时为您服务。"

（三）餐食服务

征询旅客是否用餐。征询用餐时间,提供餐食服务。不需要餐食服务则介绍饮料服务。

"李总,您好!什么时候方便为您提供餐食服务呢?"

餐具摆放要求位置正确,动作优雅、柔和。在茶几上将桌布垫铺平,从右至左依次摆放筷子架、筷子、汤匙勺、餐前小吃碟、辣椒碟、榨菜碟等佐料供客人选用,饮料杯放在右上方。

汤:汤料须事先加热并准备好,盛至七成满,用托盘送出,一次最多送两碗汤。

三明治:将三明治放在七寸盘内并提供干纸巾。

杯面:先在杯碗中沏泡后,再倒入瓷碗,附上筷子,并提供辣椒酱、榨菜等佐料供客人选用。

粥类:粥必须事先加热并准备好,盛至七成满,用托盘送出,一次最多送两碗粥。

（四）饮料服务

(1) 服务员将旅客所点的饮料放在托盘上,行走途中,托盘的高度基本与自身的腰线平齐。

(2) 服务员须在旅客右侧以半蹲方式把托盘放在茶几上(限小茶几),双手把饮料放在旅客面前。避免从旅客身后或头顶上方递送饮料,提供热饮时需要提醒旅客小心烫手。

(3) 服务员送茶水或咖啡时,须使用托盘。茶或咖啡要以瓷杯八成满为标准。如是有柄的茶杯,需将杯柄放置在旅客的右手方45°。盒装或罐装需倒入杯中以七分满为标准,用请的手势请旅客随意。

(4) 上饮品时,要提醒旅客注意,说:EXCUSE ME 或"对不起,打扰一下"。服务结束后,离开时应自然地后退两步再转身离开,以示尊重。

(5) 服务员必须及时为旅客续加茶水或饮料,旅客杯中茶水或饮料量不得少于一成。

(6) 为旅客续开水时,须右手持水壶,左手持叠成正方形的口布托底。服务时,要先将茶杯盖拿起,里朝上,轻放于桌面。续水时,壶嘴不得对着客人,并不能接触杯具。必要时,要先将茶杯移出,加放开水以后,再将杯盖盖上,并随手将滴落的水迹擦净。

(7) 巡视续加饮料时,须手持盛有各种已开启的饮料托盘在室内向旅客及随行人员征询意见。

(8) 当旅客不需要饮料时,必须将饮料杯收回,送上一杯茶水。

(9) 客人离座或更换饮料品种时,须将不用的杯具及时收回。

（五）酒水服务

(1) 白葡萄酒、果汁、啤酒、软饮料、矿泉水等应事先冰镇。

(2) 玻璃杯应洁净、干燥、无裂缝、无缺口。

(3) 提供酒水服务时,同时提供杯垫。

(4) 加冰的酒水应尽快送出。

(5) 拿玻璃杯时,手握住玻璃杯下部,避免手指接触杯口。

(6) 玻璃慢慢倒入杯中,瓶颈不得搁放在酒杯上;倒完酒后,旋转酒瓶避免滴漏,用酒布抹干瓶颈。

(7) 红葡萄酒倒 2/3 杯满;白葡萄酒倒 1/3 杯满。

(8) 进行葡萄酒服务时,携带酒布主动向客人展示葡萄酒的商标,介绍其名称、年份、产地,请客人品尝后将酒加至杯的 2/3。加酒时,需用酒布将酒瓶颈部包起,主标签露在外面。

(9) 客人更换另一品种的葡萄酒时,需更换新酒杯。

(六) 送客

根据预知的旅客登机需求,提醒旅客登机时间。与旅客清点随身物品,以免遗漏。旅客离开休息区后 30 秒内清理座位及桌面卫生。

"李总,您好!您的航班可以登机了,请这边走!"

"李总,您好!您的随身行李一共×件,正确吗?"

飞机停靠廊桥时,安排专人引导 VIP、头等/公务舱旅客到相应的登机口,并协助登机口验票员优先验放两舱旅客;头等/公务舱旅客飞机停靠远机位时,要安排专人提供贵宾车引导和接送服务。

四、登/离机服务操作

(一) 登机服务

(1) 在登机检票口,应设置高端旅客优先登机通道,并设置醒目的高端旅客优先登机指示牌,根据高端旅客意愿安排登机,随时优先验放。

(2) 在有条件的机场,廊桥登机时为 VIP、头等/公务舱旅客提供登机引导服务。

(3) 飞机停靠远机位时,安排专人提供贵宾车引导和接送 VIP、头等/公务舱旅客的登机服务。

(4) 为客舱乘务员提供 VIP、头等/公务舱旅客及精英会员名单,包括头等/公务舱旅客姓名(订座系统中有中文名旅客时必须打印中文旅客姓名)与座位号等相关信息的名单;精英会员旅客信息名单(PIL);从高端旅客信息管理系统中打印"高端旅客客舱服务单"。

(5) 如因航班超售、机型变更等原因导致旅客非自愿升舱、降舱,地面服务保障部门打印非自愿升舱、降舱旅客信息,并与客舱人员作必要的交接说明。

(二) 到达服务

(1) 地面服务保障部门通过查阅系统获取高端旅客到达信息,在飞机停稳前 5 分钟到位,安排工作人员迎接 VIP、头等/公务舱旅客。

(2) 地面工作人员在飞机打开舱门后与客舱乘务员交接,优先安排并引导高端旅客下机。

(3) 飞机停靠廊桥时,地面工作人员应指引第一位头等/公务舱旅客至到达厅入口处。

(4) 飞机停靠远机位,应为 VIP、头等/公务舱旅客提供贵宾车接送服务。

五、中转/过境服务操作

(一) 一般规定

(1) 对到达航班的头等舱、公务舱中转旅客提供接送、引导及休息室服务。

(2) 实现头等/公务舱中转行李的专人交接及优先转运。

(3) 协助高端旅客办理各项相关手续。

(4) 关注前站航班延误的头等/公务舱中转旅客,由专人负责头等/公务舱中转旅客的后续行程安排。高端旅客在中转地的贵宾室休息卡,可在中转地中转柜台领取(或值机柜台),或在中转地贵宾休息室由地面工作人员确认身份后补发。

(二) 服务要求

1. 始发站

(1) 为高端旅客办理联程登机牌、联程行李托运手续时,应向旅客说明中转站有关联程登机牌使用情况以及中转行李是否需要旅客在中转站提取等注意事项。

(2) 为中转行李拴挂中转行李标志牌、优先行李专用标识牌及高端旅客地址挂牌。

(3) 办理"一票到底"业务的场站,应准确注明该航班办理的高端旅客人数、接转航班号、托运行李件数和重量等信息,及时通过系统或电报传递给中转站。

2. 中转站

(1) 通过前站发送的电报、传真,或通过查询中转系统、离港系统获取中转旅客人数、中转航班等信息,提前安排人员、设备。

(2) 安排专人引导未办理续程航班乘机手续的头等/公务舱旅客办理中转手续;对已办理手续的头等/公务舱旅客,工作人员应确认登机牌上是否已经正确打印登机口位置。

(3) 对后续航班为头等/公务舱的中转旅客,工作人员应引导旅客至休息室候机(对国际中转旅客,遵从当地边防、海关部门的有关规定)。

六、行李收运服务操作

(一) 收运

为高端旅客行李拴挂优先行李专用标识(中/英文)(图6-6),提供行李优先服务。高端旅客行李在运送过程中与其他旅客行李区分,实行分类装机、后装先卸。

图 6-6 南航优先行李专用标识(样式)

请旅客在高端旅客地址挂牌(图6-7)上填写旅客姓名、地址及联系电话等,并拴挂在托运行李上。

图6-7　南航高端旅客地址挂牌(样式)

(二) 交接

加强高端行李运输监管,建立"高端行李单独交接制度",相关部门安排专人负责进出港航班高端行李的交接,认真核对行李的件数、航班号,注明交接时间并签字确认。

(三) 装卸

严格落实监装、监卸制度;装卸行李要轻拿轻放,并放置于行李抽斗车的专用区域,做到大不压小、重不压轻、硬不压软;高端旅客行李及其他优先行李的装机原则是分类装机、后装先卸,以便在到达时快速交付或中转到其他航班。

对宽体客机的 VIP 行李、头等/公务舱旅客行李要单独装箱:行李集装箱应拴挂/放置有行李种类、箱号、航班号等信息的行李箱标识牌,其中行李种类信息必须含 BC/BF、BY 等国际通用的英文信息。配载部门要在装机通知单中注明高端旅客行李的装机位置。装机完毕后,装卸部门要将装机情况向配载发报部门报告头等/公务舱旅客行李装机情况(装机信息应包含高端行李箱号、行李位置)。行李分装信息应在箱板报(CPM 电报)上体现。箱板报内容中,高端旅客行李信息至少包含行李箱号、位置、行李种类。对到达航班,装卸部门应优先交接高端行李箱。

(四) 交付

进港航班应确保高端旅客托运行李优先卸上转盘,提供行李优先交付服务。飞机到站后,VIP、头等/公务舱旅客行李最先卸到到达行李转盘,第一件行李应在 15 分钟内交付给旅客,高端旅客全部行李应在 20 分钟内交付给旅客(不含远机位)。交付高端行李时,行李发放人员应核对行李牌号码并收回旅客持有的行李领取凭证。

资料链接

全球10大顶尖机场贵宾休息室

乘飞机出行最令人苦恼的莫过于飞机晚点了,而候机的时候能有一间舒适的休息室,等待起飞或许就不是那么无聊了。放眼世界,看全球 10 大顶尖机场贵宾休息室都有哪些。

第1位　伦敦希思罗机场5号航站楼贵宾室

位于英国伦敦希思罗机场的 5 号航站楼贵宾室(图 6-8)是全世界最奢华、最昂贵的机场贵宾室。整栋楼由 6 间贵宾室和一间英国专业水疗馆组成,由知名设计大师戴维斯和柏伦联手负责室内设计,模仿精品小酒店的风格进行装修,专为头等舱和商务舱的高端客户量身打造。大手笔的投资让这里的功能齐全到让人咋舌,如酒吧、酒廊、办公区、娱乐区、演艺区、儿童游乐区等。装潢方面可以说是极尽奢华,从施华洛世奇水晶吊灯到1500幅航空公司珍藏的艺术作品,从人造壁炉再到脖子上挂满灯饰的真实比例木马。看来在这里度过一个不眠之夜是在所难免了。

图6-8　伦敦希思罗机场5号航站楼贵宾室

第2位　卡塔尔多哈国际机场高级终点贵宾室

位于卡塔尔多哈国际机场的高级终点贵宾室(图6-9)就像一个奢华的五星级酒店,从进门的那一刻起,颠覆你对机场贵宾室的传统印象,你需要做的只是学会如何享用这里提供的高级服务。要想放松身心,不妨先来试试这里世界一流的水疗服务,或是玩玩任天堂Wii游戏,然后再去漂亮的餐厅享受美食。商务中心提供了外出办公所需的一切,无线网络覆盖了整栋大楼,让办公无处不在。免税商店里的好东西可别忘了买,哭闹的孩子尽管送去托儿区,那里有专人为你看管。忘了你的行程吧,这里就是你的目的地。

图6-9　卡塔尔多哈国际机场高级终点贵宾室

第3位　悉尼国际机场堪塔斯首席贵宾室

位于澳大利亚悉尼国际机场的堪塔斯首席贵宾室(图6-10)由世界知名设计大师马克·纽森参与设计,其奢华风格定会让你忘记晚点的班机而陶醉其中。与索菲特酒店集团合作,使每一位来到这里的客人都能享受到如五星级酒店般的热忱服务。前台工作人员会很乐意为你安排目的地的行程,美容中心提供一整套的护理服务,餐厅里名厨内尔·佩里上演的美食秀也不能错过。酒吧供应的酒水品种颇丰,藏书甚好的阅览室也值得一去。除此之外,商务中心设有高档计算机供客人使用,这里也同样为自带笔记本的商务人士提供了无线网络接入的服务。从这里你可以180°鸟瞰悉尼著名的博塔尼湾,让美景尽收眼底。

图6-10 悉尼国际机场堪塔斯首席贵宾室

第4位 香港国际机场飞翼贵宾室

位于香港国际机场的飞翼贵宾室(图6-11)总面积达4万3千平方英尺,是紧张的商务旅客理想的放松场所。这里没有刻板的航站人员,留给你的只有轻松和惬意。在一张80英尺长的吧台前来杯杜松子酒或是自己喜欢的饮料都是不错的选择。还有4个风格各异的餐厅和全天营业的水疗馆,从私人包间到宽大的床铺,从全套的淋浴再到按摩浴缸,应有尽有。要是有企业高官不想被这里的安逸所宠坏,不妨静下心来到商务套房里认真工作一番,免费的无线网络接入服务免除了旅客的后顾之忧。

图6-11 香港国际机场飞翼贵宾室

第5位 曼谷机场皇家兰花贵宾室

可能有的人觉得坐着豪华轿车直接登机还不算非常奢侈,那么位于泰国曼谷机场的皇家兰花贵宾室(图6-12)提供的一整套传统接待方式一定是你所期待的低调奢华。装潢风格混搭了亚洲传统风格和当代欧洲风格,配套设施也做到了想顾客之所想,从私人专属区域到提供法式大餐的餐厅,从无线上网的商务中心再到拥有成套洗浴设施的睡房,以及这里的泰式按摩更是不得不提。不论如何,皇家兰花贵宾室都对得起它在全球的排名。

图6-12　曼谷机场皇家兰花贵宾室

第6位　伦敦希思罗机场维珍大西洋会所

位于英国伦敦希思罗机场的维珍大西洋会所(图6-13)是理查德·布兰森(维珍集团的创始人)的旗舰机场贵宾室。8000平方英尺的面积让这里更像是一个私人的会员俱乐部,而丝毫不会给人等候登机的紧促感觉。这里仿佛被设计成了一个度假中心,鸡尾酒吧、啤酒店、熟食店、办公室和图书室,让整日操劳的来宾暂时忘却烦恼,心情好的客人还可以在荧幕前看场电影,或是在经典游戏机前回味一下以前的美好时光。洗浴的部分有水疗吧、水疗泳池、蒸汽浴室和模拟日光浴。如果真要在登机前这么一整套地玩一遍,可能你会不得不考虑这样一个问题:我还需要坐飞机出去度假吗?

图6-13　伦敦希思罗机场维珍大西洋会所

第7位 纽约肯尼迪国际机场酋长贵宾室

位于美国纽约肯尼迪国际机场的酋长贵宾室(图6-14)专为有品位的都市人群量身定做,从豪华真皮沙发到电动按摩椅、等离子电视,再到够你看一整天的世界各地的报刊杂志。在这里,不仅候机区是顶级的,而且商务中心同样出类拔萃,提供无线网络接入服务和私人专用卫生间,里面还有最高档的化妆品。值得称赞的还有这里美食家级别的食物和酒水,且24小时不间断供应。

图6-14 纽约肯尼迪国际机场酋长贵宾室

第8位 德国法兰克福机场汉莎头等贵宾室

位于德国法兰克福机场的汉莎头等贵宾室(图6-15)让你远离嘈杂的机场大厅,为你带去个人专属的僻静一角。该贵宾室在机场主航站楼一侧的一栋独立大楼中,1万200千平方英尺的超大面积让这座贵宾室成为了一个平静惬意的世外桃源。吧台供应80余种威士忌酒,另有一片区域是私人专用玻璃门办公室,休息区提供真皮沙发,附带衣橱、闹钟、镜子、季风水疗。想知道最牛的部分吗?一部奔驰或者保时捷豪华轿车会直接将你送到飞机旁边!

图6-15 德国法兰克福机场汉莎头等贵宾室

第9位 法国戴高乐机场首席贵宾室

位于法国戴高乐机场的首席贵宾室(图6-16)虽然从专用登机区看可能不算出众,但是对那些愿意在机场多停留些时间的旅客而言,这里还有更多惊喜等待着他们。在首席贵宾室,你可能看不到埃菲尔铁塔,但却能惬意地躺在能伸展成 2 米的折叠沙发上,尽情享受正宗的法式按摩。此外,还有巴黎最有名气的厨师纪·马丁为你烹制地道的法国大餐,让你沉浸在美食、美酒之中不能自拔。

图 6-16　法国戴高乐机场首席贵宾室

第 10 位　马来西亚吉隆坡国际机场黄金贵宾室

位于马来西亚吉隆坡国际机场的黄金贵宾室(图 6-17)也许不是世界上最现代化的贵宾室,但却是唯一一个有独立高尔夫迷你打球区的机场贵宾室。除了能在起飞前打上几局球,你还可以选择在自助餐区大快朵颐,有 10 种三明治、22 种面包和 55 种饮料任君选择。特设的放松室提供了高档的自动按摩椅,起飞前来个全身按摩松弛一下紧张的神经也不失为一个好的选择。

图 6-17　马来西亚吉隆坡国际机场黄金贵宾室

(来源:www.sina.com.cn,2011 年 03 月 17 日环球网)

单元小结

航空公司要想取得高收益,必须抓好少数的关键旅客。高端旅客虽然人数比例少,但却能为航空公司带来不可忽视的收益。航空公司应该在维护全体客户利益的基础上,有效识别、认真研究高端客户,针对其需求特征和服务要求,为之提供延伸的、个性化的航空服务,并努力保持相应比例的高端客户群,使高端旅客为航空公司收益做出更大的贡献。

模拟工作任务

工作任务1：在教室内模拟进行贵宾室服务。

任务描述：张先生是南航明珠俱乐部金卡会员，定于当晚19点的航班，由广州飞往上海。由于天气较寒冷，道路堵车，张先生18点20分才到达机场，因出发仓促，穿得很单薄，还没有吃晚饭，请马上引领张先生进入贵宾休息室，协助办理登记手续，并引领登机。

任务要求：按照高端旅客服务规范进行服务，满足个性化服务要求。

工作任务2：8～10人为一组，在老师的指导下进行无领导小组讨论，核心议题是如何让旅客从购票开始就能体验到高标准的航空服务。

任务要求：老师应提前让学员了解无领导小组讨论的形式和要求，并做过一些训练；学员的讨论要围绕高端旅客服务进行。

学习单元七　航站楼通用服务

学习内容

随着候机条件和旅客需求的提高，航站楼逐渐成为融出行、交往、聚会、商业等多个功能为一体的"小型城市"。通用服务除了满足旅客在乘机过程中的行业服务外，也在不断满足旅客在其他方面的需求。本单元详细介绍了航站楼广播、问讯、交通、医护、商业零售等服务项目。

学习目标

（1）掌握航站楼广播用语规范。
（2）掌握问讯技巧。
（3）了解航站楼交通方式、医疗救护预案。
（4）了解航站楼商业零售模式。

通用服务是一系列服务的总称，包括地面交通服务、问讯服务、候机楼广播服务、公共信息标志服务以及候机楼商业零售服务等。是旅客运输服务的延伸，是完整的旅客服务不可或缺的环节。

第一节　航站楼广播及问讯服务

工作任务导入

张先生第一次乘坐飞机，到问讯台询问关于办理登机的相关程序。张先生携带了沐浴露、洗发水等洗护用品，他也想了解关于携带此类物品的相关规定。同时，他还希望知道什么时候在哪里可以办理登机。作为机场服务人员你如何一一为他作答？

公共广播系统是机场航站楼必备的重要公共宣传媒体设备，是机场管理部门播放航空公司航班信息，特别公告，紧急通知的语言信息的重要手段，也是旅客获取信息的主要途径。

一、广播用语的一般规定

（1）广播用语必须准确、规范，采用统一的专业术语，语句通顺易懂，避免发生混淆。
（2）广播用语的类型应根据机场有关业务要求来划分，以播音的目的和性质来区分。
（3）各类广播用语应准确表达主题，规范使用格式。
（4）广播用语以汉语和英语为主，同一内容应使用汉语普通话和英语对应播音。

二、广播用语的分类

如表7-1所列,广播用语分为航班信息类、例行类和临时类,其中航班信息类又分为出港类和进港类。

表7-1 广播用语分类

广播用语分类			
1. 航班信息类	(1) 出港类	办理乘机手续类	(1) 开始办理乘机手续通知; (2) 推迟办理乘机手续通知; (3) 催促办理乘机手续通知; (4) 过站旅客办理乘机手续通知; (5) 候补旅客办理乘机手续通知
		登机类	(1) 正常登机通知; (2) 催促登机通知; (3) 过站旅客登机通知
		航班延误取消类	(1) 航班延误通知; (2) 所有始发航班延误通知; (3) 航班取消通知(出港类); (4) 不正常航班服务通知
	(2) 进港类	正常航班预告	
		延误航班预告	
		航班取消通知(进港类)	
		航班到达通知	
		备降航班到达通知	
2. 例行类		须知	
		通告等	
3. 临时类		一般事件通知	
		紧急事件通知	

三、航班信息类广播用语的格式规范

航班信息类播音是候机楼广播中最重要的部分,用语要求表达准确、逻辑严密、主题清晰。

航站楼广播示例如下。

(一) 开始办理乘机手续通知

前往香港的旅客请注意:

您乘坐的CA113次航班现在开始办理乘机手续,请您到3号柜台办理。谢谢!

Ladies and gentlemen, may I have your attention please:

We are now ready for check-in for flight CA113 to Hong Kong at counter No. 3. Thank you.

(二) 推迟办理乘机手续通知

乘坐CA113次航班前往香港的旅客请注意:

由于本站天气不够飞行标准（航路天气不够飞行标准），请您在出发厅休息，等候通知。谢谢！

Ladies and gentlemen, may I have your attention please:

Due to the poor weather condition at our airport (the poor weather condition over the air route)Please wait in the departure hall for further information. Thank you.

（三）催促办理乘机手续通知

前往纽约的旅客请注意：

您乘坐的CA981次航班将在十点三十分截止办理乘机手续。乘坐本次航班没有办理手续的旅客，请马上到2号柜台办理。谢谢！

Ladies and Gentlemen, may I have your attention please:

Check-in for flight CA981 to New York will be closed at 10:30. Passengers who have not been checked in for this flight, please go to counter No.2 immediately. Thank you.

（四）过站旅客办理乘机手续通知

乘坐CA1856次航班由上海经本站前往广州的旅客请注意：

请您持原登机牌到4号柜台换取过站登机牌。谢谢！

Passengers taking flight CA1856 from Shang Hai to Guang Zhou, attention please:

Please go to the Counter No.2 to exchange your boarding passes for transit passes. Thank you.

（五）候补旅客办理乘机手续通知

持AF285次航班候补票前往巴黎的旅客请注意：

请马上到2号柜台办理乘机手续。谢谢！

Ladies and gentlemen, may I have your attention please:

Stand-by passengers for flight AF285 to Paris, please go to counter No.2 for check-in. Thank you!

（六）正常登机通知

前往香港的旅客请注意：

您乘坐的CA113次航班现在开始登机。请带好您的随身物品，出示登机牌，由7号登机口登机。祝您旅途愉快。谢谢！

Ladies and gentlemen, may I have your attention please:

Flight CA113 to Hong Kong is now boarding. Would you please have your belongings and boarding passes ready and board the aircraft through gate No.7. We wish you a pleasant journey. Thank you!

（七）催促登机通知

前往北京的旅客请注意：

您乘坐的JL785次航班很快就要起飞了，还没有登机的旅客请马上由4号登机口登机。这是JL785次航班最后一次登机广播。谢谢！

Ladies and gentlemen, may I have you attention please:

Flight JL785 to Bei Jing will take off soon. Please be quick to board the aircraft through gate No.4. This is the final call for boarding on flight JL785. Thank you!

(八) 过站旅客登机通知

前往汉口的旅客请注意：

您乘坐的CA1355次航班现在开始登机，请过站旅客出示过站登机牌，由1号登机口先上飞机。谢谢！

Ladies and gentlemen, may I have your attention please：

Flight CA1355 to Han Kou is now ready for boarding. Transit passengers please show your passes and board aircraft first through gate No. 1,Thank you！

(九) 航班延误通知

前往上海的旅客请注意：

我们抱歉地通知,您乘坐的MU285次航班由于飞机调配原因不能按时起飞，起飞时间待定。在此我们深表歉意，请您在候机厅休息，等候通知。如果您有什么要求,请与服务台工作人员联系。谢谢！

Ladies and gentlemen, may I have your attention please：

We regret to announce that flight MU285 to Shang Hai can not leave on schedule due to aircraft reallocation. Would you please remain in the waiting hall and wait for further information. If you have any problems or questions, please contact with the service counter. Thank you！

(十) 所有始发航班延误通知

各位旅客请注意：

我们抱歉地通知,由于通信原因 由本站始发的所有航班都 将延误到十八点四十五分以后起飞,在此我们深表歉意,请您在候机厅内休息,等候通知。谢谢！

Ladies and gentlemen, may I have your attention please：

We regret to announce that all outbound flights will be delayed to 18:45 due to our airport Communication trouble . Would you please remain in the waiting hall and wait for further information. Thank you！

(十一) 航班取消通知

前往汉口的旅客请注意：

我们抱歉地通知,您乘坐的CA1355次航班由于飞机机械原因决定取消今日飞行,请该航班的旅客去国航20号值机柜台。谢谢！

Ladies and Gentlemen, may I have your attention please：

We regret to announce that flight CA1355 to Han Kou has been cancelled due to the maintenance of the aircraft. Passengers for Flight CA1355 please come to Air China counter 20. Thank you！

(十二) 不正常航班服务通知

乘坐CA1355次航班前往汉口的旅客请注意：

请您到服务台(餐厅)凭登机牌(飞机票)领取餐券(餐盒/点心),谢谢！

Passengers for flight CA1355 to Han Kou, attention please：

Please go to servce counter (restaurant) to get a meal coupon (a meal box /. the refreshments) and show your boarding passes (Air-tickets) for identification. Thank you！

(十三) 认领行李的广播

来自日航791次航班的旅客请注意,现在可以去认领行李。请前往行李处,出示行李认领牌,提取行李。谢谢!

Attention, please. All passengers from flight JL791 may now claim the baggage. Please go to the baggage area. Show your baggage claim check and you will receive your baggage. Thank you!

(十四) 联程航班通知

转乘国航981次联程航班飞往纽约的旅客请注意,请前往卫星厅的国航转乘航班服务柜台。

Attention, please. Passengers connected onto Air China Flight 981 for New York please come to the Air China connecting service counter in the Satellite Hall. Thank you.

(十五) 候补旅客通知

乘坐东方航空公司5535次航班飞往温州的候补旅客请注意,请到17号值机柜台办理登机手续。谢谢。

Attention, please. Standby passengers for China Eastern Airlines Flight MU5535 to Wen Zhou, Please come to the counter 17. Thank you.

(十六) 班车服务广播

需要用车的新进港旅客可乘坐班车出港。再通知一遍,需要用车的新进港旅客可以乘坐班车出港。

Bus service is available for alll newly arrived passengers who need transportation. Repeating. Bus service is available for all newly arrived passengers who need transportation.

候机楼问讯提供航班信息、机场交通、候机楼设施使用等问讯服务,通常能直接解决旅客在旅行过程中遇到到许多麻烦。

四、问讯服务的岗位要求

(一) 一般要求

每日值机柜台开启前到港;检查计算机、电话等设施设备是否处于正常状态;如果有故障,要及时保修或调用备用设备,确保问讯工作顺利进行。

确保问讯柜台始终有工作人员在岗,若有特殊情况需要离开,必须在柜台上放置"请稍等"指示牌;根据旅客提出的要求及时给予帮助,遇到无法解决的特殊问题,应该及时汇报。

必须在国内或国际最后一个出发航班登机结束后,才可以关闭柜台。

旅客在现场提出投诉时,应该耐心解释并记录相关情况,及时向上级反映;如有必要可向旅客提供企业投诉电话。

(二) 业务处理要求

1. 现场问讯

遇旅客问讯应主动站立,对旅客提出的问讯,要面带微笑地倾听。5米之内与旅客目光交流,努力做到表情自然和蔼亲切,主动向旅客问好,细致、耐心地回答客人问题,礼貌地向客人道别;回答旅客问题时,应该使用文明礼貌用语,做到语言简明清晰、语气温和、语速适中。禁用专业术语、服务禁语;回答旅客问题时,注意肢体语言(双手不可放在口袋里或双手抱在胸前),避免出现有损企业形象的举止;必须双手交接旅客递交的票证和其他物品。

2. 电话问讯

接听电话时,铃响不超过三声,做到口齿清晰、速度适中、用语规范;回答旅客问题时,应简明清晰,语气温和并使用文明礼貌用语,忌用专业术语、服务禁语;努力提高电话接通率,禁止利用问讯电话拨打私人电话。

(三)问讯服务的岗位职责

(1)掌握航班动态,耐心、细致的回答现场旅客问讯。
(2)负责做好电话问讯工作。
(3)负责提供各类问讯预约服务,并向旅客介绍航空公司和机场服务的内容及特色。
(4)负责做好不正常航班的解释工作。
(5)做好前台服务,负责接待各类旅客以及相关人员。
(6)完成上级领导安排的其他工作。

(四)首问负责制

旅客询问的第一名工作人员必须直接解答旅客的问讯,或者协助引导旅客找到相应的解决部门,使旅客的问题得到及时的解决,不允许对旅客说"不知道",要把积极主动地为旅客排忧解难作为工作人员的责任。

机场员工要熟知机场候机楼内的主要设施位置、交通路线、国际国内乘机常识、行李托运常识、各航空公司驻航站楼办公地点等。

想方设法为旅客提供周到、细致、快捷的服务,体现机场服务人性化的特点,提高机场服务水平。

五、旅客常见问题

(1)旅客第一次坐飞机,如何指引旅客办理乘机手续?

答:国内:在航班信息显示屏上查询所乘坐航班相应的值机岛—办理行李托运手续、换登机牌—安全检查—寻找相应的登机口候机。

国际:在航班信息显示屏上查询他所乘坐航班相应的值机柜台号—填写"海关申报单"—海关出境检查(海关官员抽检)—办理行李托运手续、换登机牌—检验检疫查验—填写"出境登记卡"—边防检查—通过安全检查—寻找相应的登机口候机。

(2)问:请问××航空公司的航班在哪里办乘机手续?

答:请旅客出示机票,依据他所乘坐的航班的航班号,在航班信息显示屏上查询他所乘坐航班相应的值机柜台,然后指引旅客到相应的值机柜台办理乘机手续即可。

(3)问:国内出发无托运行李乘机手续柜台在哪里?

答:如果旅客无需要托运的行李,可使用自助值机系统,打印登机牌,挑选座位。楼内部分航空公司会有专人在值机柜台前给予协助。

(4)问:请问通过安检需要出示哪些证件?

答:通过安检需要出示登机牌、有效身份证明、机票。

(5)问:请问大件行李在哪里托运?

答:国际航班请到***层值机岛***岛托运;国内航班请到***层值机岛***

岛、＊＊＊岛托运。

（6）问：在航显电视上"状态"一栏中的 D 和 C 分别代表什么？

答：D－航班延误；C－航班取消。

（7）问：请问电子客票业务到哪里办理？

答：请到＊＊层出发大厅值机柜台均可办理。

（8）问：旅客在什么时候可以开始办理乘机手续？什么时候可以登机？

答：国内航班：一般在航班起飞前 90 分钟开放办理乘机手续的柜台，在航班起飞前 30 分钟关闭柜台。登机开始时间一般为起飞前 30 分钟左右。

国际航班：一般办理乘机手续的柜台于飞机起飞前 2 个半小时到 3 小时开放，并于飞机起飞前 40 分钟左右关闭。登机开始时间一般为起飞前 1 小时～40 分钟。

（9）问：哪些是禁止随身携带也禁止托运的物品？

答：枪支弹药、管制刀具、警械、易燃易爆物品（如打火机气、酒精、油漆、烟花爆竹）、腐蚀性物品、剧毒物品以及其他危险品。

（10）问：如果液体、凝胶及喷雾类的物品及容器不能通过安全检查，将会如何处置？

答：如不符合安全检查要求，这些物品及容器只能弃置。因此，需向旅客告知将液体、凝胶及喷雾类物品放在托运行李内，以便顺利通过安全检查。

（11）问：在哪里可以购买航空意外保险？哪里可以退航空意外保险？

答：航空意外保险由旅客自愿选择是否购买。位置在＊＊销售"航空意外保险"的柜台。退航空意外保险要到原购买地点办理。若遇航班改签情况，改签后，保险仍然有效。提醒旅客以保单上的标注为准。

（12）问：特殊服务应如何申请？

答：特殊服务属于航空公司业务范围，具体情况和特殊服务办公室联系。

（13）问：随身携带液态物品的规定？

答：(1) 乘坐中国国内航班的旅客，每人每次可随身携带总量不超过 1 升（L）的液态物品（不含酒类），超出部分必须交运。液态物品须开瓶检查确认无疑后，方可携带。

（2）乘坐从中国境内机场始发的国际、地区航班的旅客，随身携带的液态物品每件容积不能超过 100 毫升（mL）。盛放液态物品的容器，应置于最大容积不超过 1 升（L）的（建议规格 20 厘米×20 厘米）、可重复密封的透明塑料袋中。每名旅客每次仅允许携带一个透明塑料袋，超出部分应交运。盛装液态物品的透明塑料袋应与其他手提行李分开，单独接受安全检查。

（3）来自境外需在中国境内机场转乘国际、地区航班的旅客，携带液态物品也必须遵守上述第(2)条规定。另外，其携带入境的免税液态物品必须盛放在袋体完好无损、封口的透明塑料袋中，并须出示购物凭证。

（4）有婴儿随行的旅客携带液态乳制品，糖尿病或其他疾病患者携带必需的液态药品，经安全检查确认无疑后，可适量携带。

（14）问：国内旅客可以免费托运多少行李？

答：乘坐国内航线：持成人或儿童客票的头等舱旅客为 40 千克，公务舱旅客为 30 千克，经济舱旅客为 20 千克。持婴儿票的旅客，无免费行李额。

乘坐国际航线：经济舱旅客的免费托运行李限额为 20 千克，经济舱持学生护照的旅客,可以免费托运的行李限额为30千克;公务舱免费托运行李限额为30千克;头等舱免费托运行李限额为40千克。但当目的地为美洲时,其托运行李可以为两件,每件不超过23千克,单件行李三边长度和不超过158厘米。部分航空公司有特殊重量限制规定,请旅客留意机票上的提示,或向航空公司咨询。

(15)问:货币可以托运吗?

答:不可以。不可作为托运行李运输物品有重要文件和资料、证券、货币、汇票、珠宝、贵重金属及其制品、古玩字画、易碎易损坏物品、易腐物品、样品、旅行证件、贵重物品等。

(16)问:如何提取托运的大件行李?

答:如果旅客的行李形状不规则或是超大、超重,那么他的行李将不能从行李位置显示器中所指示的行李转盘送出。旅客需要到行李大厅的"大件行李传送带"处提取。

(17)问:如果进港旅客没有在行李转盘上提取到自己的行李或发现行李破损了,怎么办?

答:行李查询柜台:为旅客查询或解决行李晚到、破损、丢失等不正常行李事宜。具体位置,国际在＊＊楼行李大厅＊＊号转盘东/西侧;国内在＊＊号、＊＊号转盘东/西侧。对于丢失的行李,航空公司会在接到旅客询问信息时,分时段查询,超过一定时间后,将转到赔偿部门,对旅客的行李进行赔偿。

(18)问:旅客误机了,应该怎么办?

答:找相应航空公司在值机岛的值班经理或出发层的售票处,定妥原承运人下一航班座位或签转到其他航空公司航班。

(19)问:身份证过期了,带户口本可以乘机吗?

答:旅客有效证件包括居民身份证、按规定可使用的有效护照、军官证、警官证、士兵证、文职干部或离退休干部证明以及16岁以下未成年人的学生证、户口簿等。因此,身份证过期了可以在机场办理临时身份证明,带户口本不可以登机。

(20)问:临时乘机身份证明在哪里办理?如何办理?

答:＊＊号航站楼＊＊＊房间派出所警务工作站办理临时身份证明,以供办理乘机手续用。需要旅客户籍所在地派出所出具一份户籍证明,并带两张一寸照片(黑白、彩色均可),也可在现场拍照(收费),即可办理。电话:＊＊＊＊＊＊＊。

(21)问:签转机票在哪里?

答:签转机票可以到航空公司值班经理柜台、航空公司的售票窗口或航空公司驻机场的办公室办理。

(22)问:旅客要求退票,在哪儿办理?

答:退票只限原购票地点。

(23)问:候补机票在哪里办理?

答:无票旅客或持OPEN票(未确定座位票)的旅客,可以到乘机候补柜台排队等待,若航班有空余座位,将按顺序为等待旅客出票、办理乘机手续。乘机候补柜台位置在＊＊楼值机大厅＊＊＊号环岛的"候补柜台"。

(24)问:如何申请办理一次性进入机场控制区的证件?

答:接受持副部级以上单位介绍信、需要进入机场控制区的人员申请,经审查符合规定的,予以办理一次性进入机场控制区证件。位置:×××号航站楼××楼国内出港大厅××××。

工作任务解析

张先生第一次坐飞机,如他乘坐国内航班,可以告知在航班信息显示屏上能够查询所乘坐航班相应的值机岛,并指引张先生到值机岛办理行李托运手续、换登机牌,在安检入口进行安全检查,进入候机厅后寻找相应的登机口候机。提醒张先生在航班起飞前90分钟开放办理乘机手续的柜台,在航班起飞前30分钟关闭柜台。登机开始时间一般为起飞前30分钟左右。

如张先生乘坐国际航班:可以告知在航班信息显示屏上能够查询他所乘坐航班相应的值机柜台号,并指引张先生到值机柜台填写"海关申报单",进行海关出境检查(海关官员抽检),办理行李托运手续、换登机牌,检验检疫查验,填写"出境登记卡",进行边防检查,通过安全检查,进入候机厅后寻找相应的登机口候机。提醒张先生办理乘机手续的柜台于飞机起飞前2个半小时~3小时开放,并于飞机起飞前40分钟左右关闭。登机开始时间一般为起飞前1小时~40分钟。

对于张先生对液态物品携带的问题,应向张先生介绍我国关于随身携带液态物品的相关规定,并提醒张先生随身携带的洗发水、沐浴露等液态物品不能超出规定容量,如超出应办理托运。

第二节 航站楼交通服务

资料链接

法国巴黎戴高乐机场已建成已近30年。在这些年中,戴高乐机场已成为欧洲重要的门户机场,旅客吞吐量和货物吞吐量都位居欧洲前三名。现在,戴高乐机场日平均接待旅客13万人,运送4100吨货物和邮件,飞机起降1380次。

随着航空市场的变化,戴高乐机场一直致力于改善机场和市中心的交通状况,并带动了机场及周边地区的发展。今天,围绕戴高乐机场,已经形成为一个新型的航空城市,是大巴黎地区重要的经济增长点。经济与交通的互为因果的关系,土地利用和交通需求的相互依存的关系在这里得到了很好的体现。

机场是一个开放系统。在飞行区机场通过跑道、停机坪、飞机等与外界进行客货交流;在旅客航站区,机场又借助各种道路、停车场、车站、各种车辆与外界实现着沟通。只有飞行区、旅客航站区交通的各个环节达到均衡机场才能正常运营。由于地面交通形式的多样化和航站区的多功能,使机场地面交通的组织及与城市交通系统的衔接变得非常复杂,甚至成为制约机场发展的瓶颈。

一、旅客航站区交通问题

早期的民用机场,大都位于所服务城市的边缘,从市区到机场的路途较近。而且由于当时的经济生活水平不高以及交通运输业发展水平落后,只有为数不多的旅客出行时会考虑乘坐飞机。在那个时期,机场的地面交通服务几乎不存在什么问题。

近些年,随着经济水平的提高以及航空运输业的发展,机票价格相较于其他交通方式的费用也不再显得特别昂贵,航空旅行已变成受众人青睐的一种交通方式。于是,许多机场进出道路交通拥挤,时常堵塞,成为机场等有关方面十分头痛的问题。

在实际生活中,机场越大,它所面临的交通服务问题越突出。因为,机场越大说明它的旅客吞吐量越大,它占有的土地面积越大,它离所在城市中心也越远。相反,小型机场的交通问题压力则相对小很多。

机场旅客航站区可采用多种交通方式,如个人小汽车、出租车、租用车、机场班车、包租车、公共汽车、火车、地铁、捷运车,甚至直升机、轮船等。每种方式都各有特点,都需要相应的设施。为了方便旅客,还需在城区合理地布设集散点(站)。根据目前的统计,大部分机场至少有不低于70%的交通量是由公路来承担的。

二、机场旅客航站区交通方式

机场的旅客航站区交通方式是多种多样的,这里介绍几种常见的交通方式及其特点。

(一)小汽车

在世界各地,特别是发达国家,个人或工作单位的小汽车业已成为进出机场的最普遍交通工具。小汽车的优点是极大的灵活性。人们可以驾车从家一直行驶到航站楼附近,如果旅客行李较多,或者旅客是老人、孩子或残疾人,使用小汽车的便利更是显而易见的。在公路交通顺畅时,小汽车可以很快地往返机场。尤其是几个人同乘一辆车时,经济上更是划算。

这种交通方式的缺点之一是易受公路交通状况影响。交通拥挤或发生阻塞时,到达机场的时间就没有保障。此外,对机场的道路和停车设施也有较高的要求。为了容纳小汽车,必须在本已十分拥挤、繁忙的航站楼前划出一大片场地来作停车场,给旅客航站区交通组织带来很大困难。如果将停车场置于距航站楼较远的地方,又会给旅客,特别是携带大量行李的旅客带来不便。

(二)出租车

出租车也是机场常见的交通方式,特别是当因公旅行的旅客较多或机场距市区较近时。出租车的优点类似小汽车,缺点是个人花费较大,也需占用道路和交通设施,容易受到非机场交通车辆的影响而被迫减速或停滞。出租车本身也可能在航站楼附近造成交通问题。例如,出租车在招揽生意或停车下客时,常常会较长时间地占用道路、车道边而影响交通。为此,在有些繁忙机场,常常在距航站楼一定距离范围内专给出租车划出一块集结区域,当航站楼出口有人要车时,管理人员才放行。这样,就避免了长龙似的出租车在航站楼旅客航站区造成拥塞。

(三)包租公共汽车

在节假日,欧洲的许多机场常常有飞往地中海或冰雪地区的度假包机,接送包机乘客往往用包租公共汽车。包租车从起点发车后中途不设站,可较快地往返机场。包租车载客率较高,乘客的花费并不大。与小汽车相比,包租车不会给机场路带来明显的交通压力,但在机场航站区要为包租车安排上、下乘客的车站。若包租车很多,机场还需专设停车场,如在奥地利的维也纳机场。包租车只能为一小部分特定旅客服务,其他人不能享用。如公路出现交通问题,包租车当然也会受影响。

(四) 公共汽车

在有些城市,人们可以乘公共汽车进出机场。这样,公共汽车就将机场与城市交通网联系起来,这在一定程度上会给旅客,特别是机场的工作和服务人员带来方便。当较多的机场人员和旅客乘公共汽车时,机场的停车数量会大为减少。但实际上,为了缓解航站区的交通压力,公共汽车站往往设在距航站楼较远的地方,这样就给到达和出发旅客带来了不便。公共汽车中途设站较多,运行时间长。航空旅客要与许多其他乘客混杂在一起,有时非常拥挤。凡此种种都给旅客,尤其是携带了许多行李的旅客造成很大麻烦。因此,利用公共汽车进、出机场的旅客并不多。

(五) 机场班车

机场班车也是机场中常见的交通方式。通过在市区内定点设立的车站,机场班车将这些车站与机场联系起来。机场班车的票价比出租车要便宜许多。由于中途很少设站,运行时间较公共汽车要短得多。

机场班车的缺点是,只能给班车站附近的旅客带来较大方便。班车在公路上行驶时并无优先权,也易受到公路交通状况的影响。除非乘客较多,一般班车的车次间隔较大,这使得有些旅客的等候时间加长。为了方便旅客,有些机场已将班车站扩展到市郊,但因载客率锐减,运营成本大大提高,有的不得不提高票价。

(六) 火车

有些机场临近铁路,于是接铺一条较短的支线即可将铁路与机场联系起来,且这种建设方式投资非常少。与铁路相通的机场目前还为数不多,但一些有铁路车站的大机场,如法兰克福、苏黎世和伦敦盖特威克等机场确实受益匪浅。铁路不像公路,交通非常可靠,可由市中心直达机场车站,而不像有的城市捷运车辆,中途设许多站。另外,机场火车站一般无需太多的专有设施,这是一个突出的优点。

火车尽管速度快、中途不设站,但由于车次少,乘客等候时间长,所以旅客往返机场的交通时间不一定短。火车在市区的车站一般设在或临近市中心,故市中心附近的旅客感觉最方便。通常,即使是非高峰交通时间,往返机场的旅客都要与其他乘客碰在一起,上下车、搬运行李之不便可想而知。另外,这种交通方式只解决了旅客的一段路途问题,往返市区火车站还需借助其他交通工具。

(七) 城市捷运公交系统

城市捷运公交系统指有轨公共交通工具,如地铁、有轨电车、单轨车辆等。在有些机场,如戴高乐、亚特兰大、华盛顿特区等机场,都有与市区交通系统沟通的捷运公交系统。有的城市,市区也有四通八达的捷运公交系统,这样旅客可从城市不同地点利用捷运公交非常方便地进出机场。

与汽车相比,城市捷运公交系统行车线路交通通畅,不会出现拥塞,行驶速度也较快。与汽车相同的是,旅客也要与其他乘客混在一起,且中途设站较多。值得注意的是,捷运系统在机场的车站要十分靠近航站楼,这样旅客才乐于搭乘;否则,难以实现预期的交通分流。伦敦希思罗机场是较成功地利用了城市捷运公交系统(地铁)的范例。相形之下,有的机场,如法国奥利、美国波士顿机场等因为捷运系统车站距航站楼太远,乘客便不愿乘坐。为充分利用捷运公交,机场当局不得不在捷运车站与航站楼之间开行穿梭公共汽车,但收效并不显著,因为旅客不愿拖着行李屡次遭受上下车之累。

(八) 机场专用捷运系统和专用高速公路

尽管上述两种交通方式类别不同,但还是有许多共同之处。机场专用交通系统的优点是显而易见的,它能在市区和机场之间提供中途无站的、快速而可靠的交通。交通舒适性大为提高,特别是专用捷运交通车辆的舒适程度堪与航空旅行相媲美。但是,专用交通系统,无论是一次性建设投资,还是日常维持运营的投入都是惊人的。为建设专用交通线,要么开掘隧道,要么建立交桥、高架路,工程都非常浩大。现在,有些专家对这类工程持强烈的反对态度。他们认为,这些构筑物及其建设过程,不仅投资巨大、浪费资源,而且对环境构成很大破坏。例如,有人曾估计,1970 年若根据一些人的建议,在英国 MapLin 和伦敦第三机场之间建快车轨道,拆除的建筑将相当于英国当时年建设量的 2/3。

专用捷运交通线的建设一定要慎重,必须在建设前对载客量作详细的调查、分析和预测。有人曾就美国的 20 个最繁忙机场和英国的 13 个机场建设专用捷运交通线的可行性做过研究(英国的 13 个机场不包括服务于伦敦的五个机场,这些机场因为诸多因素根本排除了建专用交通线的可能性)。尽管两个国家的机场、机场周围城市及人口构成等情况差异较大,但得出的结论是十分类似的。该研究通过调查得出结论:各机场距中商区(中心商业区)的旅客通常不超过 30%。也就是说,大部分旅客分布在城市的不同地点。这些人一般是利用小汽车、出租车进出机场的。因此,如果贸然建设专用捷运公交线,因载客量小,可能达不到预期的交通分流。例如,在日本东京与羽田机场间的专用有轨快车就是因为乘客少而导致入不敷出的。根据成本分析,专用捷运系统的年载客量只有达到 300～500 万人次,运营起来才会有较好的效益。因此,只有大型机场才有必要考虑这种交通方式。

相比之下,许多机场为了解决旅客航站区交通问题,往往与市政当局合作,更青睐于专用高速公路的建设。因为除有轨车辆,大多数地面交通工具都可利用高速公路。通过适当收费,建设投资和维护费用也能较快回收。

(九) 直升机

采用直升机运送往返机场的旅客也许是最快捷、最不受地面交通状况影响的交通方式了。20 世纪 40 年代后,美国联邦政府通过资金补贴,鼓励在纽约、芝加哥和洛杉矶三个城市利用直升机运载航空旅客。1964 年,旧金山也出现了这种交通方式。尽管大部分直升机承运公司都因资金、事故和客源少等原因而惨淡经营,但在得克萨斯州的 NASA、Houston 之间和英国希思罗、盖特威克两机场之间的直升机运营却非常成功。事实证明,如城市和机场之间存在天然屏障(大山、河流等),或二者之间的地面交通非常糟糕,采用这种交通方式也许是比较合适的。

直升机的优点是快捷、方便、舒适,但对旅客而言价格太高,故只能吸引那些为公务目的旅行的人。由于直升机的目的地就是机场,遂导致客源进一步减少。另外,直升机的噪声也是这种交通方式的一个致命弱点,其起落点附近的公众是绝对反对开展这种经营的。

(十) 水运

如果机场靠近江河海湾,可以考虑以水运方式运送旅客。通过这种特殊的进出机场方式,旅客还可以欣赏沿途风景,就像在威尼斯机场和伦敦城机场那样。但如果水运的码头设施不完备,有可能给旅客带来不便。旧金山机场曾试图利用穿梭于旧金山湾的气垫船来载客,但其服务的可靠性常常不令人满意。

第三节　航站楼医疗急救服务

机场航站楼医疗急救及服务可以分为两部分：

（1）机场自身拥有的医疗急救组织及其服务，它是机场组织机构中的一部分，配备有专业的医师和护理师等一批医护人员，是国家公制性质。其主要任务是负责机场范围内出现各种突发事件时的紧急救护任务。这些突发事件可以分为以下三种类别：

① 涉及航空器的紧急情况，如因飞机机械故障、操作失误、飞机指挥错误以及复杂气象条件造成的紧急情况；

② 不涉及航空器的紧急情况如加油库等各种火灾、候机楼爆炸、自然灾害等；

③ 医学紧急情况，如乘客发生危重伤病、集体食物中毒、急性传染病等。

（2）机场设置的或者与相关医疗组织联合设置的机场医疗服务机构，以医疗保健服务为主。

一、应急救护预案

参与救援的医疗部门根据机场应急救援计划制定本部门应急救护实施预案，内容包括：

（1）参加救援的人员构成；

（2）信息传递；

（3）通信联络；

（4）职责；

（5）处置步骤；

（6）救援设备清单。

二、医疗救护设备

机场医疗救护设备满足（GB 18040—2000）《民用航空运输机场应急救护设备配备》的要求。

（一）急救药品和设备

（1）机场急救车内急救箱、航站楼急救站、急救物资库配备一定数量的药品和设备。

（2）药品和设备的品类、数量根据机场应急救护保障等级确定，同时考虑多机事故和意外灾害。

（3）药品种类包括抗微生物药、中枢神经系统药、麻醉药、植物神经系统药、循环系统药、呼吸系统药、消化系统药、泌尿系统药、血液系统药、血浆制品、抗变态反应药、激素及其有关药、调节水、电解质及酸碱平衡药、外科、皮肤科、眼科用药和消毒防腐收敛药、解毒药。

（4）急救设备种类包括心电图机、体外心脏除颤器、临时心脏起搏器、心脏泵、呼吸机、气管插管设备、供氧设备、洗胃机、吸引器、X射线机、检验器材、无菌备用的基本手术器械、三角巾急救包、各类夹板、各类担架、输液装置、应急照明灯、毛毯、棉被、床单、尸体袋、急救标志。

（5）急救箱药品、器材配备符合 GB 18040—2000 表2 的规定。

（6）航站楼急救站药品、设备配备符合 GB 18040—2000 表3 的规定。

（7）急救物资库药品、设备配备符合 GB 18040—2000 表4 的规定。

(8) 急救车药品、设备配备符合 GB 18040—2000 表 5 的规定。

(9) 根据旅客、货物吞吐量的增长对应急药品、设备进行添置、调整、更新。

(二) 通信设备

(1) 机场应急救护部门与机场应急救援指挥部门、当地卫生行政部门、社会急救系统建立通信网络。

(2) 机场应急救护部门的值班医生、护士、司机配备无线通信设备。

(3) 提供 9 级(含)以上应急救护保障水平的机场建立独立的通信频率。

(三) 急救车辆

(1) 根据应急救护保障等级配备相应的普通急救车、复苏型急救车、急救指挥车、急救器材运输车,数量符合 GB 18040—2000 表 6 的规定。

(2) 寒冷、高原地区机场配备的车型适合该地区使用。

(四) 航站楼急救站(室)用房

(1) 诊室、治疗室、抢救室、药房、检验室用房具备良好的通风和照明条件,设在旅客流量集中区域,符合驰救时间的要求。

(2) 急救物资库的位置便于车载驰救。

(3) 航站楼急救站必须在醒目处设置国际通用的急救标志,并配有中英文说明。

(4) 航站楼急救站用房面积符合 GB 18040—2000 表 7 的规定。

(五) 急救标志

1. 现场急救标志旗

(1) 事故现场的急救区域设有醒目标志旗。标志旗分为急救指挥标志旗、检伤分类标志旗、各类伤急救区标志旗。

(2) 急救标志旗的类别及规格符合 GB 18040—2000 表 8 的规定。

2. 伤亡分类标志

(1) 伤亡分类标志以红、黄、绿、黑四色区分。

(2) 一级(立即救治)红色,二级(稍缓救治)黄色,三级(一般看护)绿色,0 级(死亡)黑色。

3. 伤亡识别标签

(1) 伤亡识别标签用颜色编码和符号表示伤情救治急缓程度。

(2) 伤亡识别标签符合 GB 18040—2000 附录 A 的规定。

4. 现场机场急救人员穿着统一的机场应急救护服装。

第四节 航站楼商业零售服务

资料链接

手礼网:混合业态结出硕果

一直被人诟病的在景区、机场购物的"高消费"现象有望彻底改变,一种简洁有趣的商业模式正在加速这一进程。厦门翔业集团(原厦门国际航空港集团)2010 年首创了一种全新的商业模式,即通过"电子商务＋机场提货"销售特产,旅客可事先通过网络或者电话下单,出发前可以直接从机场提货,价格堪比市区零售店。厦门翔业集团2010年10月创办了手礼网 www.giftport.com.cn,在集团旗下的厦门高崎机场运营,主要销售厦门、福建、台湾的特产。

目前,手礼网每天的营业额在10万元左右,相当于厦门一个经营情况中等的超市,且每个月业务量都在以20%的速度增长。

主业做机场的翔业集团居然做电子商务做出了名堂,原因何在？有专家分析认为,正是因为其在满足客户的同时开发拓展了自己的业务,达到了1＋1＞2的双赢效果,既抓住了游客有购买土特产的需求,引入的新业务,又恰好能发挥自身在物流、客服和渠道方面的优势。

航空旅客可以先上网预订,再到机场现场提货付款,不满意可以现场退货(图7－1)。同时,手礼网还提供全国快递的服务。除了电话网络预订、机场提货以外,身在外地的游客还可以直接通过网络、电话下单,通过快递方式收到这些福建特产。

图7－1 手礼网吉祥物和手礼网厦门高崎机场提货点

在"潜规则"横行的旅游购物行业,手礼网称得上是第一个敢吃螃蟹的挑战者。其根本原因就是回归商业本质:为顾客提供物美价廉的商品和服务。在当下的商业社会,这样朴素的价值观更加显得弥足珍贵。

(来源:新浪网)

航站楼内的服务除了为旅客提供进出机场必不可少的行业服务外,还应该向旅客提供为进出机场及候机时所需要的周到、方便、舒适的商业服务。这些服务通常是商业性的收费行为。

随着世界经济的发展,人民生活水平的提高,航站楼的商业零售业已成为机场非航空业务收入的重要经济来源和增长点。航站楼零售业在整个非航空主营业务中占据重要位置,是机场非航空主营业务收入的主要来源。

一、航站楼商业的定位

航站楼管理的重点一方面在于商业零售,另一方面需要在商业价值、机场形象与旅客便利性之间寻找平衡点。

(一) 商业价值的最大化

(1) 结合航线旅客消费特点进行商业业态布局。

(2) 在机场原有建筑基础上充分挖掘商业面积。

(3) 商户的合理选择。

(4) 结合人流动线考虑商业布局规划。

（二）机场形象的最大化
（1）消费者对机场服务价格的认可程度。
（2）机场风格的塑造。
（3）对机场商铺形象的要求。

（三）旅客便利性最大化
（1）明晰的指引标识,航班信息的可视性设计。
（2）旅客便捷路径和操作流程的设计。
（3）便利服务设施的安置和特殊用途设施的搭建。

二、国外航站楼零售业发展特点
（1）始终确立以消费者需求为中心的原则。
（2）机场商业设施布局的侧重点逐步向安检区集中。
（3）运用6p+2c的营销组合加强日常航站楼零售业的经营管理。
（4）为旅客提供一流机场购物体验,提示机场品牌形象。

三、航站楼商业零售服务的分类
（1）免税店:免税店市机场在候机区域内设立的国内外商品市场,主要经营产业附加值较高的各类世界名牌免税品和国内传统产品,以方便旅客购买免税烟、酒、香水、化妆品和国际名牌皮具、手表及中国名优特产品等。一般设在国际候机区或国际到达厅。
（2）餐饮:为旅客候机提供有特色的饮食服务,咖啡厅、西餐厅、中餐厅、特色餐饮（麦当劳、肯德基）、茶社等,多为招标经营。
（3）食品:为候机旅客提供便于携带的普通食品和特色食品、水果、茶叶、机场所在地特产,著名烟酒及机场所在地特色烟酒等,多为招标经营。
（4）工艺品:包括旅行纪念品、工艺美术品、特色制品,如玉器、竹器、字、画、瓷器等。
（5）皮具、玩具:提供名牌皮具、包箱等,也包括高质量的电动玩具等。
（6）书刊、鲜花、礼品、药品:包括书店、花店、电子读物等。
（7）品牌体育用品专营店及其他专营店。

单元小结

本单元比较全面的介绍广播、问讯、交通、医护、零售等服务项目,并通过案例与资料说明航站楼功能的全面性和社会性,在不远的将来,非航空性收入在机场收益中所占的比例会越来越大。

模拟工作任务

工作任务:协助旅客找到登机口,回答旅客关于航班延误的问题,解答具体的延误情况以及处理问题。

任务描述:学员分两大组分别完成对误机的处理,一组学员负责设置场景,一组学员负责处理问题。

任务要求:按照规定处置,需要考虑到旅客的需要和情绪。

学习单元八　不正常运输服务

学习内容

由于旅客、承运人或者第三方原因致使旅客未能正常乘机旅行的情况下，作为工作人员如何处理不正常的运输是客运工作必不可少的一部分。本单元介绍了旅客运输不正常、航班运输不正常、行李运输不正常、航站楼意外事件的处理方法。从误机、变更、超售、证件缺失无效、不正常订座、退票、航班延误、取消、航班返航等几方面学习不正常运输工作。要求学员能将理论知识运用至实际生活生产中，达到学以致用的目的。

学习目标

（1）掌握常见不正常运输的定义。
（2）掌握不正常运输的处理方法。
（3）掌握费用变更计算方法。
（4）分析航班不正常运输案例。

第一节　旅客运输不正常服务

工作任务导入

旅客王先生购买了某航空公司南京至青岛的机票，票面价格是￥1600.00，航班计划13:15分起飞，王先生因临时有事无法在规定时间内办理乘机手续乘机，14:00到达柜台办理退票手续，王先生是否需要支付退票手续费？如需则应缴纳多少？

旅客购买客票后，无论任何情况，旅客必须按照承运人规定的时间到达乘机手续办理处和登机口。为保证航班正点，如旅客未按承运人的规定办理乘机手续，承运人可以取消旅客定妥的座位和安排好的座位。承运人对由于旅客原因未能乘机而产生的损失或费用不负责任。但由于某个环节中的差错，如客票填写出错、值机工作人员办理航班时出错，以及航班飞行不正常，或由于旅客本身的失误，造成旅客未能如期完成客票上所列航程的旅行，称为旅客运输不正常。出现不正常情况，不仅给旅客带来不便，也会给航空公司带来经济效益和社会效益上的损失。我们所要做的，就是尽快为旅客解决实际困难，最大限度地挽回可能造成的损失。

一、误机

旅客发生误机，应到乘机机场或原购票地点办理改乘航班、退票手续。如旅客要求改乘后续航班,在后续航班有空余座位的情况下,承运人工作人员应积极予以安排,不收误机费,但必须在旅客客票乘机联上加盖"误机/NOSHOW"的印章。

旅客误机后要求退票,在航班关闭后至航班规定离站时间前收取20%的误机费;在航班规定离站时间后,收取50%的误机费。误机旅客改签后再次要求退票,仍应收取50%的误机费。

团体旅客误机后,客票作废,票款不退。

二、漏乘

由于旅客原因发生漏乘,旅客要求退票,按误机规定办理。

由于承运人原因导致旅客漏乘,工作人员应尽早安排旅客乘坐后续航班成行。如旅客要求退票,按旅客非自愿退票规定办理。

三、错乘

旅客错乘飞机,承运人应安排错乘旅客搭乘最早的航班飞往旅客客票上的目的地,票款不补不退。

由于承运人原因旅客错乘,工作人员应尽早安排旅客乘坐后续航班成行。如旅客要求退票,按旅客非自愿退票规定办理。

四、偷乘

当发现偷乘者,应立即通知当地公安保卫部门和其他有关部门。飞机到达后,立即将偷乘者扣留并调查其从何途径乘上机。尽可能收回偷乘者所有乘航段费用。

五、终止飞行

旅客已办妥乘机手续登机后,主动或者被动终止飞行,不能按客票注明的飞行路线完成旅行。

(1)当航班正常时,旅客在航班始发地关舱后主动提出终止旅行,按退票规定处理,并扣取相应的手续费;旅客在航班经停站自愿提出终止旅行,其客票作废,不予以变更或退票。

(2)当航班不正常时,无论旅客主动或被动终止旅行,承运人应免费为旅客办理客票"退、改、签"。

(3)特殊产品按提前约定的"退、改、签"规定处理。

六、登机牌遗失

旅客办理乘机手续后遗失登机牌,值机柜台工作人员应认真检查旅客的机票,并找出旅客乘机联核对无误后,重新发给旅客登机牌,另通知登机桥口原登机牌作废。

七、无票乘机

未满二周岁的婴儿无票乘机,应按婴儿票价补收票款。

成人或儿童无票乘机,在始发站被发现,应拒绝其乘机;在到达站被发现,加倍收取自始发站至到达站的票款。

八、航班超售

因承运人航班合并、机型变更及座位超定等原因而引起航班超售,值机柜台应按旅客名单报接收旅客。

没有订座记录及没有确认座位而被取消座位的旅客,按报到的先后顺序将姓名依次登记在候补旅客名单上。

当旅客自愿放弃座位数少于超售座位数时,按照优先登机原则需要拉下部分旅客或者降低部分旅客舱位,被拉下或降舱的旅客均视为非自愿变更,承运人向拉下、降舱的旅客免费提供退票、更改、签转服务并给予一定的补偿。如尽早安排后续航班或者承运人与旅客双方认可的其他运输方式等。旅客非自愿降低座位等级,原则上退还舱位差额,并在旅客登机牌上注明"降舱"。发生座位超售后,原则上按下列顺序调整,拉下旅客:

(1)免票旅客(重要旅客除外)。

(2)持四分之一、半票折扣票(儿童票除外)的旅客。

(3)一般旅客。

对被拉下的旅客做好解释工作,向旅客致歉,并根据航班超售的补偿规定做一定的赔偿;及时安排该部分旅客搭乘最近的同向航班;如被拉下的旅客当天不能成行,通知服务室安排旅客的食宿。

办理赔偿时,会同旅客填妥"非自愿弃乘赔偿及免责书",此为三联单:第一联(白色)为存根联,第二联(绿色)为财务联,第三联(粉红色)为旅客联。

有下列情况则不予赔偿,也不承担膳宿等费用:

(1)旅客持免票、四分之一票、半票(儿童票除外)等优惠票。

(2)旅客因政府征用部分或全部座位而被拒绝登机。

(3)旅客未按规定做"座位再证实",所订座位被取消。

把"假OK"客票复印存档,以备追究出票人的责任。

当日值班主任需填写"超售记录",同时传真给市场处。

九、证件缺失、无效

我国民航旅客运输相关法规规定,在购票登机过程中乘机人需出具有效身份证件。在购票、乘机过程中,旅客因有效身份证件丢失或者身份证件未在有效期限内。征得承运人同意,可提供其他的有效身份证明购票、乘机。

(1)旅客在购票时,可出示有效身份证件复印件购买机票,但在办理乘机手续时必须出示有效身份证件原件。

(2)省、部级以上要客,因公出行,有效身份证件缺失可凭相关单位出具的证明,办理购票、乘机手续。

(3)包机或团体旅客购票时,如有旅客暂无法提供旅客身份证件或复印件,组织活动的单位出具证明信并确认人、证相符,予以购票。办理乘机手续时,需出示有效身份证件原件。

(4)旅客购票、乘机过程中,因有效身份证件丢失、无效可由公安机关出具临时身份证明替代。

十、不正常订座

(一)订座取消和变更

在出票之前旅客取消和变更订座信息,包括座位的取消和变更航班、航程、乘机人姓名、日期、人数、舱位等。

在航空旅客运输中,旅客享有变更、取消客票的权利,当旅客提出变更、取消航空公司或其代理人都应协助办理。

旅客已预订座位,客票售票处或者航空公司收到旅客申请应按照要求及时取消或变更信息,并确认旅客需要取消或变更的信息,注明申请人信息:姓名、联系方式;如果是中转航班需跟旅客核实确认是否有定妥的联程航班,是否需要取消、变更。

旅客已预订座位,但未能在规定的购票期限内购票,所预订座位取消,以便将座位销售给其他旅客。

当旅客要求改变部分航程时,应取消原订座位,重新定座。

（二）无订座记录

旅客持有已定妥座位的客票,但承运人没有旅客的订座记录,即是无订座记录的旅客。无订座记录的旅客,优先安排候补;如果本次航班客满,下次航班予以优先安排或签转给其他承运人。

十一、退票

旅客已购妥的有效期内客票,由于承运人未能按照运输合同提供运输或旅客要求自愿改变,旅客未能完成部分或全部航程旅行,要求退还部分或全部未使用航段的票款。

退票有自愿退票和非自愿退票两种情况:自愿退票是指旅客由于本人原因,未能按照运输合同完成航空运输,在客票有效期内提出退票称为自愿退票;非自愿退票是指因航班取消、提前、延误、航程改变或不能提供原订座位时,旅客要求退票。

（一）可按以下步骤处理退票

（1）旅客提出退票申请,需要查验旅客的票、证、人三者信息,确认是旅客本人办理退票。

（2）查验客票的有效性、完整性。持纸质票旅客必须在客票有效期内凭客票未使用的全部乘机联和旅客联,方可办理退票。

（3）告之旅客退票条件限制及费用收取情况。

（4）填开"收费单"旅客签字后,将旅客联连同退款余额交由旅客本人或者客票付款人。

（二）退票费用规则

按照表8-1,退票费率根据退票时间有所不同。

表8-1 退票费率表

退票时间(距航班起飞时间)	退票费率(票面运费)/%
24小时前	5
2~24小时	10
2小时内	20
航班离站后	50
OPEN票	5

在航班始发站,非自愿退票均退还旅客所付的全部票款。

在航班经停站,非自愿退票应退还的票款为旅客所付票价减去已使用航段的票价金额,剩余部分全部退还给旅客。

班机在非经停点的其他航站降落,旅客要求退票,应退还由降落站至到达站的票款,但不得超过原付票款金额,不收取退票费。

旅客因病要求退票,提供承运人认可的证明原件,不收退票费,在航班始发站提出,退还全部票款;在航班经停站提出,退还的票款金额为旅客所付票价减去已使用航段相同折扣率的票价金额,剩余部分全部退还给旅客;所退金额不得超过原付票款金额。

自愿退票除婴儿与伤残军人、警察、因病退票旅客外,其余收取退票费用。

工作任务解析

由于王先生是自身原因造成无法准时乘机、退票,属于自愿退票,所以需要收取退票手续费用。航班计划 13:15 分起飞,但旅客 14:00 到达柜台办理退票手续,是在航班离站之后办理,按规定需要收取票价 50% 的费用作为退票手续费:1600.00 × 50% = CNY800.00。

第二节 航班不正常服务

航班飞行不正常,如航班延误、取消、中断、返航等情况,既给旅客带来不便和损失,也给航空公司造成经济效益和社会效益上的损失。现场工作人员的工作就是要尽力挽回和弥补这些损失,维护公司和旅客的利益。

在航班发生不正常情况时,现场工作人员首先应了解造成航班不正常的原因,分清承运人或非承运人原因。但不论是哪种原因,都应及时向旅客通告航班信息,做好解释工作,为旅客办理航班转签或退票手续,协助或为旅客安排食宿,解决旅客的实际困难,尽量满足旅客的合理要求。

一、航班延误、取消

资料链接

"没有人告诉我要干什么,也没有人告诉我什么时候飞,广播里没有任何信息。"荷兰来的游客 Folra 和老公滞留在国内某机场 12 小时,他们在机场吃了一顿 160 多元的晚餐。从昆明到上海,再到荷兰,Folra 的行程已经整整耽搁了两天。"延误是可以理解的,我们在很多国家都遭遇过延误。可是这一次我们什么都不知道,我很恐慌,要是错过了航班怎么办?"Folra 说。2013 年年初,国内某国际机场受大雾天气影响,引发大量航班延误,共取消航班 400 多班次,少量航班备降周边机场。现场多个值机柜台被砸,有部分登机柜台工作人员撤退,甚至有乘客用系统计算机自己在查航班情况;也有旅客堵住登机口导致很多航班无法正常出港;还有乘客用广播呼唤机场和航空公司工作人员。大面积延误状态一直持续到第二日才得到缓解。

(来源:新浪网)

在飞行活动中,由于各种原因,飞机未能在公布的时间内起飞或到达,会造成飞机延误事件;同时,逾长时间未能正常飞行的航班将被取消当日飞行。

近年来,由于航班延误、取消所造成的旅客滞留及相关重大社会问题已日益增多,因此承运人在配合保障航班安全的同时,应尽量减少航班延误及航班取消所造成的旅客问题。如遇延误,应遵循规定及时向旅客发布延误信息,并将调整告知;如遇航班取消,立即关闭系统停止继续售票,对于已经购票的旅客,尽快取得联系并告知航班取消,另为其办理续航手续;对于未及时通知到的进场旅客,专人进行善后工作安排,为其办理免费的住宿与膳食,免费长途电话、传真一次等。

航班延误补偿中,航班降落时间比计划降落时间延迟30分钟以上或航班取消的情况,对航空客运和货运客户受损的合法权益依法、依约应予以赔偿及补偿。

(一) 航班延误时值机部门的工作程序

(1) 如在航班正常起飞时间以前接到航班延误的信息,应将该信息以通告形式张贴在值机柜台上,并以广播通知,让旅客了解情况。

(2) 如在航班正常起飞时间以前接到航班延误的信息,应仍按航班正常起飞时间为旅客办理乘机手续。

(3) 按旅客要求为旅客办理航班改签手续或办理退票手续;必要时,为旅客出具航班延误证明。

(4) 为已办理乘机手续后要求改签或退票的旅客取出已托运的行李。

(5) 经常和生产调度室及总调保持联系,了解航班起飞信息,并通知旅客。

(6) 如为其他公司代理的航班发生延误,应及时与该公司的驻机场代表取得联系,征询航班信息;并根据被代理公司的意见,安排旅客转签航班或作其他处置。

(7) 延误航班起飞时间确定后,应再次核对旅客人数和托运行李件数重量,并报载重平衡室和生产调度室。

(二) 航班延误时的服务工作

(1) 服务室工作人员在接到航班延误的通知后,应了解航班延误或取消的原因,航班飞机号及预计起飞时间或补班情况、不正常航班上的旅客人数等。

(2) 广播通知并引导旅客前往不正常航班旅客休息大厅休息,并耐心做好解释工作;每隔半小时广播一次最新航班动态信息。

(3) 航班延误超过2小时以后,应向旅客提供饮料。

(4) 航班延误适值用餐时间,应安排旅客用餐。

(5) 出口航班开始—09:30为早餐时间,11:00—13:30为午餐时间,17:00—18:30为晚餐时间。

(6) 航班延误时间超过4小时以后,应安排专车送旅客前往指定的宾馆休息(持折扣票的旅客除外)。

(7) 旅客因航班延误或取消而在宾馆休息至第二天,当日的值班人员应陪同在宾馆住宿并与翌日的值班人员交接延误航班号、旅客人数等情况。

(8) 待延误航班的准确起飞时间确定后,应派专车将旅客接入机场,安排登机并做好交接工作。

(三) 航班取消时值机部门的工作程序

(1) 如在航班正常关闭时间以前接到航班取消的信息,应将该信息以通告形式张贴在值机柜台上,并以广播通知,让旅客了解情况。

(2) 如在航班开始办理乘机手续以前接到航班取消的信息,且补班时间基本确定,可

学习单元八 不正常运输服务

根据旅客要求和具体情况,为旅客办理行李托运手续,减轻旅客过夜时的负担,但可以不发给登机牌。

(3) 按旅客要求为旅客办理航班改签手续或办理退票手续;必要时,为旅客出具航班取消证明。

(4) 为已办理乘机手续后要求改签或退票的旅客取出已托运的行李。

(5) 如为其他公司代理的航班取消,应及时与该公司的驻机场代表取得联系,征询航班信息,并根据被代理公司的意见,安排旅客转签、合并航班或作其他处置。

(6) 通知服务室工作人员根据情况和取消原因,提供必要的服务。

(四) 航班取消时的服务工作

(1) 接到生产调度室关于航班取消通知后,应了解航班取消后合并或补班的预计起飞时间及具体安排。

(2) 广播通知航班取消消息,向旅客做好解释说明工作。

(3) 向旅客发放和回收致歉卡,根据旅客要求为旅客提供服务。

(4) 如航班因承运人(或代理航班承运人公司)原因而取消,服务人员应安排专车送旅客前往指定的宾馆休息(持折扣票的旅客除外);如航班是因非承运人原因而取消,工作人员应协助旅客安排食宿,尽可能为旅客提供方便;食宿费用由旅客自理。

(5) 旅客因航班取消而在宾馆休息至第二天,当日值班人员应陪同在宾馆住宿并与翌日值班人员交接旅客人数等情况。

(6) 待取消航班的准确起飞时间确定后,应派专车将旅客接入机场,另派专人在候机楼门口迎接并引导旅客到柜台重新办理乘机手续,安排登机并做好交接工作。

二、航班中断

资料链接

2013年5月17日下午,一男子相继给北京、重庆等地110报警服务台打电话,谎称北京飞往上海、重庆飞往上海、广州飞往上海等客机上有炸弹。经江苏公安机关快速查证,此为虚假恐怖信息,43岁的江苏盐城籍犯罪嫌疑人季某在作案后不到2小时即被当地警方抓获。17日下午5点多起,北京、广州、重庆、深圳多地飞往上海航班受到虚假恐怖信息威胁,5家航空公司的11架飞机备降或者重新安检。截至晚上8点40分,重庆、上海虹桥、上海浦东、广州机场运行正常。

赵先生乘坐的是春秋航空9C8856次航班,从广州飞往上海。赵先生称,飞机是下午5点20分起飞,大约飞行了1小时就落地了,"当时还想这么快,以前都需要一个半小时"。但是赵先生很快就发现,飞机停机的位置是一个非常偏远的地方,打开手机,他还收到了"欢迎来到福州"的短信。赵先生正在琢磨为何飞往上海的飞机会降落到福州时,发现机场周围已经布满了消防车、警车以及大批身穿防爆服的警察,"我想,该不会是飞机又遇上了威胁信息吧"。赵先生的猜测并没有错。春秋航空公司新闻发言人向记者证实,接到广州机场通知,"广州飞上海的航班有炸弹",虽然信息并不确定,但涉及旅客生命安全无小事。春秋航空广州到上海9C8856航班备降至福州,随后对飞机进行排查。据了解,该次航班共搭乘176名乘客。飞机备降福州后,机上全体乘客下机,乘坐摆渡车前去安检。对于第二次安检,赵先生称比之前"严格好多好多"。

(来源:新华网)

航班中断较常见的情况是航班在经停站取消或在非经停站或目的站备降。服务室工作人员在航班备降时应提供如下服务工作:

(1) 应及时向生产调度室了解航班备降的原因、备降航班的飞机号、旅客人数和预计起飞时间等信息。

(2) 组织旅客下飞机。旅客下飞机以后广播通知并引导其前往不正常航班旅客休息大厅休息,并耐心做好解释工作;每隔半小时广播一次最新航班动态信息。

(3) 航班备降超过2小时后,应向旅客提供饮料;航班备降如适值用餐时间,应安排旅客就餐。

(4) 航班备降超过4小时以后,应安排专车送旅客前往指定宾馆;如旅客因航班备降而在宾馆休息至第二天,当日值班人员应陪同在宾馆住宿,并与翌日值班人员交接旅客人数等情况。

三、补班

补班是在当天航班延误或备降至取消后,隔天该航班重新飞行。旅客需重新办理乘机手续。

(1) 值机员应事先了解航班机型、机号、前一天所办理的旅客人数等情况,如航班改换机型,应再次确定平衡要求。

(2) 如取消航班已办过乘机手续,值机员应为旅客重新换登机牌,如已托运的行李取出过夜或有增加,则应重新办理行李托运。

(3) 如取消航班未办过值机手续,但已有部分旅客的行李已办理托运,则应在与载重平衡室交接时,将这部分行李件数和重量加上,并通知行李搬运队将在仓库过夜的行李与当场交运的行李一起装机。

(4) 值机部门在准备登机牌时,应将补班的登机牌与取消航班的登机牌加以区别,以免未重新办理乘机手续的旅客与其他旅客座位重复或混淆上客人数。还应注意:如当日有相同航班号的正班航班且与补班飞行时间较接近时,应设法在登机牌和行李牌上进行区分。

(5) 上客时,服务员应注意将补班和相同航班号的正班旅客区别开。

四、航班返航

飞机起飞后,由于机械故障、航路、对方站天气情况等原因,不能继续其航行,而返回原始发站。在飞机返航后,客运服务部门应完成以下工作:

(1) 应及时向生产调度室了解航班返航的原因、返航航班的飞机号、旅客人数和预计起飞时间等信息。

(2) 组织旅客下飞机。旅客下飞机后,应广播通知并引导其前往不正常航班旅客休息大厅休息,并耐心做好解释工作。每隔半小时广播一次最新航班动态信息。

(3) 航班返航,等待起飞时间超过2小时后,应向旅客提供饮料(持折扣票的旅客除外);航班返航如适值用餐时间,应安排旅客就餐(持折扣票的旅客除外)。

(4) 航班返航后等待时间超过4小时以后,应安排专车送旅客前往指定宾馆。如旅客因航班不能起飞而在宾馆休息至第二天,当日值班人员应陪同在宾馆住宿并与翌日值班人员交接旅客人数等情况。

第三节　不正常行李运输服务

行李不正常运输是指,行李在运输过程中,由于承运人工作疏忽、过失或其他原因造成的行李运输差错或行李运输事故,如行李迟运、错运、错卸、漏卸、错发、损坏、遗失等,造成承运人不能按照客票上的约定将旅客托运的行李及时完好地交付旅客。

一、少收行李

少收行李指由于运输差错,使得航班到达后,目的地航班无法按规定的时间和行李件数向旅客交付应该同机运达,或下落不明尚待查找的行李。

少收行李的原因主要有:旅客错领、冒领;始发站发生错装或行李牌脱落、无法辨认行李的目的而没有装上飞机;始发站漏运或超载被拉下;本站货运漏卸或将行李当成货物误卸至货运仓库;经停站错卸行李等。

少收行李的处理办法如下:

(1) 了解旅客的相关信息,查验旅客的机票、登机牌和行李提取联的目的地是否相符,向旅客了解少收行李的形状、颜色和制作材料等特征。

(2) 根据上述信息,查到达行李传送带周围有无遗留行李、飞机的货舱有无漏卸、有无当作货物错运到仓库、本站的多收行李记录和询问本站的其他航空公司的查询部门有无此行李。

(3) 填写"行李运输事故记录"PIR,一式两份,一份作为旅客的收执,凭此领取行李或办理赔偿;另外,还要收回旅客的行李提取联附在另一份记录表上,建立少收行李记录档案。

(4) 拍发少收行李电报(AHL)。

(5) 理赔。

二、多收行李

多收行李指在本次航班到达24小时,行李交付工作结束后仍无人认领的行李。

多收行李的主要原因:到达站错发,旅客错领、冒领;始发站错运、漏运或超载拉下,对方站货运错卸;经停站错卸;错运本站;本站多卸;无人认领等。

多收行李的处理办法如下:

(1) 登记迟运、漏运,行李牌脱落、漏挂或卡包以及被旅客遗失等原因未能运出的行李时,在"出港不正常行李运输记录"上做好记录。

(2) 有目的地多收行李速运最早航班,并拍发速运行李报(FWD)。如当日无后续航班,可先拍发速运电报,以便能在航班到达时及时通知旅客,避免不必要的查询。

(3) 无牌多收时,查看外站少收行李电报,确认后速运对方站;再查看行李上有无旅客姓名,通过行李上的旅客可姓名查找旅客的航班信息;向相关航站拍发多收行李报(OHD),拴挂多收行李卡入库保存;若无外站的少收信息,72小时后可开包查找旅客的相关信息。按无法交付行李处理。

三、破损、内物短少、污染行李

行李破损指旅客托运的行李在储存、运输过程中,因行李的外部收到损伤或行李的形状发生改变,而使行李的外包装、内装物品受到损伤。

行李内物短少指旅客的托运行李由于破损或其他原因而造成行李内物部分物品的遗失。

行李破损、内物短少的处理办法如下：

（1）轻度受损，修复后一般不予赔偿或象征性赔偿；

（2）当时无法修复的，应付给适当的修理费；

（3）行李受损以致无法使用时，向旅客提供同一形状、规格基本相似的新行李箱或同意旅客在限定价格内购买一新行李箱，在赔偿期限内凭发票报销一次性地付给旅客适当的赔偿费；

（4）如果拴挂免除责任行李牌，则不负责行李破损的赔偿。

四、托运行李内物被盗或丢失

航空货运过程中，旅客的托运行李在运输过程中，需要多个工作部门协作完成装卸任务，有目标性的盗窃行为可能性不大，发生内物丢失的原因多半可能是因为行李箱未上锁或者行李箱质量较差、内物装得太多，在搬运过程中，行李箱受到挤压而发生破裂而被迫开启。

行李内物被盗或丢失的处理程序如下：

（1）旅客在提取行李时，发现托运行李内物被盗或丢失，承运人需详细询问旅客，并请旅客书面提出被盗或丢失的物品和价值，后经核实属承运人责任，应照价赔偿；

（2）旅客在提取行李时，没有发现异状，事后旅客又提出行李内物被盗或丢失，承运人应协助旅客查找，除非旅客能证明是因为承运人的过失导致，否则承运人不承担任何责任。

五、行李赔偿

（一）免除承运人责任情况

（1）自然灾害或其他无法控制的原因；

（2）旅客的托运行李违反了国家有关法律、政府规章、命令和旅行条件的规定；

（3）由于行李本身的性质、缺陷或内部物品所造成的变质、减量、破损或毁灭等；

（4）行李内装有按规定不能夹入托运行李内运输的物品；

（5）拴挂了免除责任行李牌；

（6）外包装完好，但内物损坏（除旅客能证明属承运人的责任）；

（7）旅客行李内装物品对他人物品或承运人造成损害，旅客应承担赔偿责任。

（二）一般规定

（1）国内运输每公斤赔偿限额为100元，如果托运行李已收逾重行李费应予以退还。

（2）国际运输每公斤赔偿限额为20美元，按实际价值赔偿，已使用航段逾重行李费不退。

（3）已办理声明价值的行李，应按声明价值赔偿，声明价值附加费不退；如果声明价值高于实际价值，按实际价值赔偿。

（4）赔偿的件数和重量以客票上所填写的件数和重量为准；客票上未填写件数和重量，按免费行李额计算（旅客持有有效的逾重行李票除外）。

（5）行李部分遗失时，总重量减去已交付给旅客的其他部分行李的重量来计算其需要赔偿的重量。

(6) 放宽免费行李额的行李,仍按免费额计算,放宽部分的重量不作赔偿。

(7) 计件行李除交付逾重行李费外,每件行李的赔偿限额以 32 千克为限。

(8) 自理行李或随身携带行李的赔偿限额:国内航班不超过 3000 元,国际航班不超过 400 美元。

(9) 丢失行李找到后,旅客应退回赔偿款(临时生活补偿费不退);构成国际运输的国内段,行李赔偿按国际运输的赔偿规定办理。

(三) 赔偿时限

(1) 行李损坏赔偿应当在交付行李时立即向承运人提出索赔要求,收到行李之日起其 7 天内提出。

(2) 行李延误赔偿行李应当交付给旅客之日起 21 天以内提出。

(3) 行李遗失赔偿应当交付给旅客之日起 21 天以内提出。

(四) 诉讼时效

诉讼时效期为两年,从飞机到达目的地点之日起,或从飞机应当到达之日起,或从运输停止之日起计算,否则就丧失任何损失的诉讼权。

第四节 突发事件/旅客意外伤害事件处置

资料链接

由于发现可疑物品,美国密歇根州底特律大都会机场两个最繁忙航站楼之一,2013 年 4 月 1 日上午被迫紧急疏散所有人员并关闭了 2 小时,拆弹部队赶赴现场,一名嫌疑人被警方扣留。当天早晨 5 点 50 分左右,当局在北航站楼安检大厅进行 X 射线扫描时发现了可疑包裹,保安人员立即关闭了候机楼及附近登机口,乘客和工作人员被迫疏散到相隔不远的旧航站楼。没有人员受伤报告。

据《底特律新闻》报道,可疑物品被描述为一台笔记本电脑或小件行李大小,已由专业人员从 X 射线机移至一防爆容器内,并转运到远程位置进行详细检查。两个拆弹部队小组仍在现场进行检查。

意外事件发生在底特律春假的第一天,事发的北航站楼在封锁了 2 小时后重新开放,其主要为加拿大、德国汉莎、约旦皇家、西南、联合和美国等 10 家航空公司服务。

(来源:浙江新闻网)

一、航站楼突发事件分类

航站楼的突发事件,通常是指航站楼受到爆炸物威胁或恐怖威胁、航站楼失火、航站楼受到危险物品污染、医学紧急情况、机场严重暴力犯罪等情况;或者是航站楼的服务设备、设施出现意外,影响对客正常服务,如断电,断气,备用电源毁坏,行李传送带损坏,廊桥、摆渡车或客梯车发生故障,值机系统或其他系统失灵损坏,安检设备异常等。

突发事件大致可以分为非法干扰类、系统运行类、灾害类三类:

(1) 非法干扰类:航站楼遭爆炸物威胁;无人认领物品;匿名电话恐吓;航站楼非法集会;冲闯安检现场;其他危险。

(2) 系统运行类:航站楼大面积停电;弱电系统故障;航班大面积延误。
(3) 灾害类:航站楼失火;地震;其他。

二、航站楼突发事件处理方法

(一) 航站楼遭爆炸物威胁

立即报告 TAMCC(运行控制中心)或通知机场公安分局指挥中心,准确告知相关内容(地点、外形,报告人的姓名、单位、电话等)。保护现场,不要移动,不要让其他人靠近。当有关人员到达现场后,将发现过程尽可能详细汇报。

(二) 无人认领物品

立即报告 TAMCC;不要移动无人认领物品,也不要让其他人员接近;当有关人员到达现场后,将发现过程尽可能详细汇报。

(三) 匿名电话恐吓

立即记录来电时间和来电号码(有来电显示),对方的性别、年龄,电话内容和恐吓要求。尽量多与对方通话,了解更多信息,如果可能,同时拨打公安分局指挥中心电话,随后应该立即通知 TAMCC 或公安分局指挥中心。

(四) 航站楼非法集会

立即报告 TAMCC 获得信息的途径,非法集会可能发生的时间、地点,可能参加的人数以及集会内容(包括集会目的地和想要达到的要求)。

(五) 冲闯安检现场

冲闯安检现场多发生于航班延误时,旅客往往情绪激动、焦躁不安。当发生冲闯安检现场时,应该立即报告 TAMCC,劝说冲闯旅客,但不要正面冲突,以免激化矛盾;增加工作人员,协助安检、公安人员维持现场秩序。

(六) 航站楼大面积停电

立即通知报告 TAMCC;给旅客做好解释工作,维护现在秩序,防止发生意外;遇有突发事件立即报告。

(七) 弱电系统故障

立即通知报告,经当日值班经理通报 TAMCC 并说明故障现象,发生的时间,以及所做的恢复操作。按要求转入备份系统。向旅客说明情况,安抚旅客情绪,待系统正常后,及时为旅客服务。

(八) 航班大面积延误

航班大面积延误,一般是由于雨、雪、雾、沙尘暴等恶劣天气引起的。当遇到航班大面积延误时,应该及时向旅客通报信息,并了解航班最新动态,以便及早做出必要的调整,为旅客提供必要的服务,并安抚旅客情绪。

(九) 航站楼失火

先期灭火并报警;保护贵重物品,协助疏散旅客、安抚旅客并提供必要的服务;火被扑灭,现场安全后,组织旅客返回。

(十) 地震

事先预报型:服从相关部门、人员的统一指挥,统一行动。
非事先预报型:保护贵重物品,协助旅客疏散,引导救护人员并组织疏散出来的旅客。

（十一）其他

航站楼漏雨或发现设备不正常，及时报告 TAMCC。

三、旅客意外伤害事件的种类及处理方法

旅客是每一位在候机楼工作的员工的最终顾客，进出候机楼的旅客的人身安全应该得到妥善保护，候机楼内工作的每一位员工都有责任保护旅客的人身安全；当旅客在候机楼内发生意外伤害时，应该及时给予救助。

（一）摔伤

摔伤发生概率最大，原因多种多样，如地面湿滑、电梯意外等，也有难以确认原因的情况。

处理要点：

（1）遇到有旅客乘坐扶梯堵塞出口时，善意提醒前方旅客不要阻挡后面旅客，以防摔倒；

（2）遇到地面有液体遗撒，及时寻找附近保洁员清理地面；

（3）如果看到已经有旅客摔倒，应该及时上前进行帮助，并及时通知航站楼值班人员前往现场进行处理；请勿随便承诺旅客，应等值班人员到场处理。

（二）设备设施伤害

设备设施伤害发生概率较小，一般为儿童在看管不当的情况下发生误伤。

处理要点：

（1）遇到有旅客带领孩子的情况，注意提醒旅客看管好小孩，勿使孩子乱跑、乱碰设备，以免发生伤害事件；

（2）如果发生伤害事件，立即通知航站楼值班处或急救中心；

（3）遇到意外伤害发生时，不要惊慌失措，要保持镇静，并设法维持好现场秩序；

（4）一般不要随便搬动伤员；

（5）应请值班人员或急救人员到达现场进行处置，如无急救常识，请勿随意进行处置；

（6）发生伤害事件后，现场提供救助为第一原则，勿随便为旅客做出承诺。

单元小结

由于多种原因造成的航站楼服务不正常，对工作人员提出了更高更难的要求，特别是大中型机场。因为旅客滞留数量巨大，恢复正常服务状态较慢，此时要求服务人员快速准确地提供相关信息，帮助旅客改变行程计划或选择相应处理措施，也要在热情耐心的基础上，人性化地解决相关问题。

模拟工作任务

工作任务 1：处理误机状况。

任务描述：学员分两大组分别完成对误机的处理，一组学员负责设置场景，一组学员负责处理问题。

任务要求:按照规定处置,需要考虑到旅客的需要和情绪。

工作任务2:处理漏乘状况

任务描述:学员分两大组分别完成对漏乘的处理,一组学员负责设置场景,一组学员负责处理问题。

任务要求:按照规定处置,需要考虑到旅客的需要和情绪。

工作任务3:旅客李先生购买了一张上海至成都的机票,票价为人民币1890.00,航班原计划20:10起飞。由于发动机故障,无法起飞,延迟3小时,李先生因公出差,需第二日9:00前参加会议,请问如何处理比较合理?

学习单元九　特色航站楼一览

学习内容

通过了解各地具有明显特色的航站楼,了解其功能和特点,加深对航站楼功能的认识。

学习目标

熟悉了解我国知名航站楼的功能及特色。

一、北京首都国际机场 T3 航站楼——中国第一国门

北京首都国际机场 T3 航站楼(图 9-1)为目前世界上面积最大的单体航站楼,建筑面积 90 多万米^2,新增机位 99 个;新建一条长 3800 米、宽 60 米的跑道,世界上最大的飞机空客 A380 也能够顺利起降。此外,新建北货运区,相应配套建设场内交通系统,以及供水、供电、供气、供油、通导、航空公司基地等设施。

北京首都国际机场 T3 航站楼由 T3C 主楼、T3D、T3E 国际候机廊和楼前交通系统组成。T3 主楼地面五层和地下两层,T3 主楼一层为行李处理大厅、远机位候机大厅、国内国际 VIP;二层是旅客到达大厅、行李提取大厅、捷运站台;三层为国内旅客出港大厅;四层为办票、餐饮大厅;五层为餐饮。T3C(国内区)和 T3E(国际区)呈"人"字形对称,在南北方向上遥相呼应,中间由红色钢结构的 T3D(国航国内区)航站楼相连接。南北向长 2900 米,宽 790 米,建筑高度 45 米。T3 航站楼比已有的两座航站楼大得多。

T3 航站楼南北两座建筑(T3C 和 T3E)由于距离过长,两座楼之间会建造旅客捷运系统(APM)以方便乘客。旅客捷运系统是一套无人驾驶的全自动旅客运输系统,其采用加拿大庞巴迪公司的设计方案,该系统采用轨旁和中控传递信号控制车辆的运行。行车路线单程长 2080 米,分别设置在 T3C、T3D、T3E,共有 3 个车站。

T3 航站楼行李系统采用国际最先进的自动分拣和高速传输系统,行李处理系统由出港、中转、进港行李处理系统以及行李空筐回送系统、早交行李存储系统组成,覆盖了 T3C、T3D 和 T3E 及连接 T3C 与 T3E 行李隧道的相应区域,占地面积约 12 万米^2,系统总长度约 70 公里。航空公司只要将行李运到分拣口,系统只需要 4.5 分钟就可以将这些行李传送到行李提取转盘,大大减少旅客等待提取行李的时间。

交通中心(GTC)位于 T3 航站楼前,地下有两层总面积为 30 万米^2 的停车场,可停车 7000 辆。旅客从停车场下车后,乘坐电梯可直达候机楼内。在交通中心的地面上,是轻轨交通车站,建筑面积 4.5 万米^2,椭圆形玻璃壳体结构。旅客可从城内乘坐轻轨交通直到航站楼。东直门至首都机场的轻轨线路分岔后分别达到 T2 和 T3 航站楼,T3 航站楼与

原有 T2 航站楼之间也会建立轨道连接。第二机场高速路、机场南线高速路、机场北线高速路、机场轨道交通等场外配套工程的建设,为旅客来往首都机场提供了方便通道。

北京首都国际机场 T3 航站楼投入使用后,北京首都国际机场的第三条跑道在 T3 航站楼投入使用之际完工。北京首都国际机场成为中国第一个拥有三座航站楼、双塔台、三条跑道同时运营的机场,机场滑行道由原来的 71 条增加到 137 条,停机位由原来 164 个增为 314 个。

图 9-1 北京首都国际机场 T3 航站楼外观及内景

二、广州白云国际机场航站楼——中枢机场

广州白云国际机场(图 9-2)始建于 20 世纪 30 年代,是国内三大航空枢纽机场之一,在中国民用机场布局中具有举足轻重的地位。1994 年,白云机场在中国 500 家最大服务业企业及行业评价中被列为中国最大服务业企业航空港第二位。1958 年,经国务院批准为军民合用机场,1963 年扩建,1964 年竣工,并改为民用机场。停机坪面积 22.9 万米^2,飞机跑道长 3380 米,可供世界上最大的客货飞机升降。至 1993 年 4 月底,其航行管制、通信导航、气象保障和飞机维修设备均为中国一流。候机楼面积为 51162 米^2,其中,国际候机楼为 27000 米^2,货运仓库 14100 米^2。1995 年,白云机场被列为国有企业 500 强之一。1998 年,白云机场被中国民航总局评为"文明机场"。

图 9-2 广州白云国际机场航站楼外观及内景

2004年8月5日,总投资198亿元广州新白云国际机场正式投入运营。这是我国首个按照中枢机场理念设计和建设的航空港。机场占地面积为15千米^2,第一期工程飞行区两条平行跑道按4E级标准,航站区按满足2010年旅客吞吐量2500万人次要求设计。其中,新机场一期航站楼面积为32万米^2,是国内各机场航站楼之最,楼内所有设施设备均达到当今国际先进水平。目前,白云机场与33家航空公司建立了业务往来,已开通航线110多条,通达国内外100多个城市,保障机型近30种,是中国南方航空集团公司和深圳航空公司的基地机场。

新白云国际机场一期航站楼由主楼、连接楼、指廊和高架连廊组成,总面积达31万米^2,共分为4层,其中地上三层为出发及候机大厅,地上二层为到达夹层,地上一层为到达及接机大厅和商业层,负一层则通往地铁及停车场、机场酒店。

三、上海浦东国际机场T2航站楼——以人为本

上海浦东国际机场(图9-3)是中国(包括港、澳、台)三大国际机场之一,与北京首都国际机场、香港国际机场并称中国三大国际航空港。上海浦东国际机场位于上海浦东长江入海口南岸的滨海地带,距虹桥机场约52千米。

图9-3 上海浦东国际机场T2航站楼外观及内景

浦东航站楼由主楼和候机长廊两大部分组成,均为三层结构,由两条通道连接,面积达28万米^2,到港行李输送带13条,登机桥28座;候机楼内的商业餐饮设施和其他出租服务设施面积达6万米^2。

浦东国际机场扩建工程于2005年12月全面开工,作为工程重要组成部分的T2航站楼风格主题被命名为"地",与T1航站楼的"天"形成鲜明的对比。"地",就是要让旅客踏进T2航站楼,就感受到大地的平凡、质朴和无比浑厚。这一切的变化来自"以人为本"的设计理念。

在T2航站楼等扩建工程的设计建设中,强化了"满足基地航空公司及其联盟中枢运作的需要"和"以人为本,最大限度方便旅客"的设计理念。无论是在流程设计、设施布局、环境,还是地面交通的换乘等诸方面,都要充分体现枢纽运营的需要和人性化的要求,中转过境快速便捷。

T2航站楼采用三层式航站楼结构,方便旅客中转。T2航站楼自上而下分为国际出发层(13.6米)、国际到达层(8.4米)和国内出发到达混流层(4.2米)等三个旅客活动层。

这种"三层式航站楼结构"能够更好地适应航空公司的中枢运作,更好地适应上海国

际与国内间中转旅客比例较大的特点,以及国际国内航班波在时间上错开的特点,最好地利用可转换机位,最大限度地提高近机位的使用效率。在 T2 航站楼中运行的航空公司的各种中转、过境旅客均在航站楼的中央部位完成,非常便捷。T2 航站楼首次设计了国内出发到达"混流层",使得国内出发与到达旅客在同一层面上,方便了旅客的中转,有利于国内枢纽的形成。

由于主楼集中在北区,楼与楼间距不超过 500 米,旅客办票和行李处理设施集中,便于航空公司分配和灵活使用。考虑到实际运行中基地航空公司及其联盟一般都集中在同一楼内开展中枢运作,因此,大部分旅客的中转时间将大大小于中枢运作最短时间要求。

按照形成"一体化航站楼"的理念,在 T1 和 T2 两个航站楼之间建设了一个"一体化交通中心"。中心内设置了轨道交通、磁浮、长途汽车、公交车、出租车站点,以及停车库、候车室等交通功能,还设计了大量的无行李值机柜台以及商业设施。

一体化交通中心的设计,很好地避免了集中式航站楼所带来的陆侧车道边不够的问题,通过将所有到达社会车辆的车道边移至停车库内,将所有公共交通设计在轨道交通车站的两侧,将出租车、大客车、贵宾车设计在紧靠航站楼的到达车道边上,将所有出发层的公交车、出租车设计在出发车道边,方便旅客换乘。

四、上海虹桥国际机场 T2 航站楼——绿色机场,节能大户

上海虹桥国际机场(图 9-4)始建于 1907 年,它的前身是建于 1921 年 3 月的民国虹桥机场,抗日战争时期被日本军队占领。解放后,重建虹桥机场,此后一直作为军用机场。直到 1963 年,被国务院批准再次成为民用机场,并于 1963 年底进行了大规模的改建和扩建,该工程于 1964 年正式交付使用。1984 年 3 月,上海虹桥机场候机楼工程再度扩建,同年 9 月 30 日扩建工程完工。扩建后的候机楼,使用面积比过去扩大了 1 倍。1988 年,上海民航进行重大体制改革,实行政企分开,机场和航空公司分营,上海虹桥机场从同年 6 月 25 日起成为独立的经济实体。1988 年 12 月,上海虹桥机场候机楼第三次扩建,于 1991 年 12 月 26 日完工。作为上海第一个民用机场的上海虹桥机场,经过多年的扩建后,现已成为我国最大的国际航空港之一。

图 9-4 上海虹桥国际机场 T2 航站楼外观及内景

虹桥机场 T2 航站楼采用自然采光、自然通风等 10 项节能技术,将"耗能大户"变为"节能大户";采用雨水回收利用技术,将杂用水和优质杂排水回收处理后用于卫生扫除、绿化浇洒用水等,将"用水大户"变成"节水大户";采用水蓄冷罐和冷水直供,既节电又省

运行成本;建筑物外墙采用清水混凝土屋面的设计,节约了建筑材料和装饰材料。T2 航站楼与交通中心一体化设计,交通中心内设置了虹桥和浦东机场办票柜台各两组,为旅客提供了浦东机场国际航班远程值机的城市航站楼功能和轨、路、空的便捷换乘。T2 航站楼设有 80 个值机柜台、47 条安检通道,大大节省了旅客排队时间。针对国内航站楼运行特点,确定了主楼办票柜台前列式的排列方案,使航站楼主楼净深仅为 108 米,旅客从安检口到最远登机口步行距离不到 300 米,最大限度减少了旅客步行距离。T2 航站楼设有 45 座登机桥,是 T1 航站楼的 3 倍,近机位比例超过 70%,其中 8 个机位可以同时停靠 3 种机型组合的混合式桥位,大大提高了飞机靠桥率、使用效率和灵活性。在航站楼内设置了 3 个中转区域,中转时间均满足 IATA(国际民航运输协会)最短衔接时间国内中转 45 分钟的要求。推出了一系列的服务新举措,如推出电瓶车 6 辆,为旅客提供代步服务;推出婴儿车 20 辆,免费供带小孩旅客使用;推出母婴室 35 间,为带婴儿的母亲提供方便;出发层实现了无线网络全覆盖,在候机区域还配备了 12 个有线上网区,为旅客提供温馨舒适的候机服务。T2 航站楼为残障旅客设置了 48 间卫生间、16 台升降电梯、4 个问讯柜台等无障碍设施,凡是旅客乘机主流程中有落差的通道处均设置了无障碍坡道(T2 航站楼还设有 65 台升降电梯、52 台自动扶梯、34 台自动人行步道,设有 9712 个座椅、148 间洗手间、20 台饮水机等)。

五、成都双流机场 T2 航站楼——西南枢纽,温馨港湾

2012 年 8 月 9 日,成都双流国际机场 T2 航站楼(图 9-5)在经过 12 天的试运行之后,正式投入使用。从这一天起,除四川航空公司和国际(地区)航班之外,其余航空公司的国内运输全部转至 T2 航站楼办理。T2 航站楼的正式投入使用,不但使双流机场正式迈入双跑道、双候机楼的运行时代,同时也为成都打造国家级航空枢纽增添了重要砝码。

图 9-5 成都双流机场 T2 航站楼外观及内景

舒缓的音乐,随处可见的大地色色调,云纹状的玻璃装饰,刚一走进这块神秘的区域,就能明显感觉整颗心突然静了几许,步子也慢了几分。再往里走,圆形的吧台在右手方向,上面摆满了各类饮料酒杯,在暖色灯光的映衬下显得质感十足。一间影音休息室藏在隔间里,现代简约风格的桌椅整齐摆放。在一块神秘的区域内,睡眠间、淋浴间、按摩椅应有尽有,让人仿佛置身于某一高档私密会所内。这是国航斥资 4700 多万元打造的在国内独一无二的"两舱"中心——专门打造的头等舱和公务舱旅客休息室。两舱休息室位于中央大厅四层(即出发大厅夹层)南侧,长 112 米,宽 19.8 米,总面积约 2000 米^2。

作为双流国际机场运营规模最大的基地航空公司,国航西南分公司的航班量占据了双流机场的三分之一。国航西南分公司在T2拥有大量专属资源打造"大型专属服务区"。国航将以转场T2为契机,2013年开通成都至欧洲的直达航线,目的地初步选定为法兰克福。

T2安检通道一共有28条,其中面向国航专属的FG指廊的通道就达16条,以前在T1,供所有航空公司使用的安检通道一共才只有17条,安检通道数量的大幅增加,将有效地缓解高峰期旅客安检通道前排"长龙"的情况。

六、深圳宝安机场T3航站楼——机场界的"苹果"

深圳机场扩建工程T3航站楼(图9-6)工程占地19.5万米^2,南北长约1128米,东西宽约640米,总建筑面积45.1万米^2,地下二层、地上四层(局部五层),由航站楼主楼和十字指廊组成。

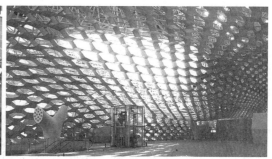

图9-6 深圳宝安机场T3航站楼外观及内景

T3航站楼以其独特的造型为外界所瞩目。该建筑由意大利福克萨斯公司设计,外形酷似学名叫蝠鲼的"大飞鱼"形象。此鱼发音"福分"也符合中国吉祥如意的传统。T3航站楼整个外立面设计从某些角度看像蜂巢,换个角度看又像水面的波纹,极富现代感。航站楼的幕墙玻璃采用的是让人感觉最为和谐的六边形造型。这种设计既展示了航站楼的美观,又充分利用了自然光源保证航站楼内的光线充足,节能降耗。

此外,T3航站楼的设计还充分结合了建筑设计理念和深圳本地环境气候等重要因素,融合了建筑美学、绿色节能和功能实用等多方面元素,通过利用冬季自然通风、顶层公共扩建自然采光、优化空调设计等实现绿色建筑理念。

走进航站楼内,最吸引人眼球的是矗立在指廊两侧的树状建筑物——"空调树"。目前,大多数机场候机楼内使用的都是空调柜,功能较为单一,而T3航站楼内的空调树不仅外形独特、美观,部分空调树还集成了播音设备和消防设备,有很强的实用性。目前航站楼内共设计了112个空调树,可以确保航站楼内的温度恒定保持在人体感觉最为舒适的温度。

七、厦门高崎机场T4航站楼——最畅快的"海西之窗"

厦门机场T4航站楼(图9-7)项目于2014年6月完工投用。

T4航站楼位于目前高崎机场主候机楼的东北侧,靠近集美大桥引桥,是高崎机场第四座航站楼,也是一个"承上启下"的项目——在翔安机场建设完成前,它将承担起厦门空港巨大的客流增长压力。T4航站楼的各项标准,不仅要达到"精品",而且还要达到能够申报"鲁班奖"的标准,可谓精益求精。

图 9-7　高崎机场 T4 航站楼

T4 航站楼总建筑面积为 12 万米^2,建成后的外观延续了极具闽南特色的建筑风格,同时兼具指廊、"剪刀式"登机桥等现代机场因素。该项目先期工程年设计旅客吞吐能力 1000 万～1200 万人次。建成后,预计全部用于国内旅客进出港,将能分流目前使用的 T3 航站楼一半以上的客流。

八、杭州萧山机场 T3 航站楼——破茧成蝶

2007 年 11 月,作为省重点工程,杭州萧山国际机场二期扩建工程破土动工。二期工程中的国际航站楼(T2 航站楼),已于 2010 年 7 月建成投用。2012 年落成的是第二国内航站楼(T3 航站楼)和第二跑道(图 9-8)。新国内航站楼就位于旧国内航站楼(T1 航站楼)旁边,但相比"大哥"高出了一大截,屋顶的波浪造型更是现代感十足。

图 9-8　杭州萧山机场 T3 航站楼外观及内景

从大门径直走到安检通道,近 200 米长。过了安检区,要达到最远的候机区,要走近 1000 米。新航站楼内还设置了 8 条自动人行步道,分布在不同出发区域。老、弱、病、残、孕的旅客,还可以免费乘坐 4 人座的电瓶车。出发大厅内,3 个以大红为主色调的值机岛最为抢眼。3 个值机岛的 90 个值机柜台、安检区域的 26 个安检通道,都是其他两个航站楼的总和,大大加快了值机和安检的速度。大厅内,还增设了 21 台自助值机柜台,可满足无行李托运旅客的需求,只要持二代身份证,短短 2 分钟便可换取登机牌。在登机环节,新国内航站楼有 31 个廊桥机位,加上旧的两个航站楼的 18 个廊桥,整个机场的廊桥机位总数达 49 个,这使未来的航班靠桥率达到 90% 以上。这个数据代表更多的旅客能直接

从航站楼登机,无需乘摆渡车到远机位登机,缩短了登机时间。新国内航站楼设置了8个行李提取转盘,每个都采用了国际最先进的自动分拣和高速传输系统,传输速度最高达40米/分,而且这套行李系统还配备了全方位跟踪监控功能,如果行李拿错了,走到哪里都会被监控和锁定。

形似蚕茧的吊顶与下方的红色值机岛遥相呼应。设计者是从柔美的屋面曲线和椭圆形天窗的蚕茧意向,再到值机岛"蝶"的展翅高飞,衬托出了"破茧成蝶"这一意境。这个时尚的作品,还很有技术含量——外界的自然光,透过屋顶三角形采光天窗和"蚕茧"状的吊顶,洒遍室内。它的用电相比传统模式,每年可节电720万瓦/时(油、天然气等消耗相应折算为电),年节约运行费620万元。在安检通道上方墙面,还安装了三块超大LED屏幕,大小如电影院小厅的屏幕。此为全国机场最大,晚上看不刺眼,白天看则更自然,主要用来播放宣传广告。

进入到达层,最抢眼的就是机场里4棵景观树,大树参天,树枝伸展,显得清新自然,而两面绿色的植物墙上,还种植了吊兰、龟背竹、虎耳草等植物,总面积145米^2。

新国内航站楼的旅客公共区域,覆盖三大运营商的手机信号,而且提供免费WIFI服务,带宽较旧国内航站楼明显提升。每3排座椅还设置了一块充电插座。

新国内航站楼还提供了一种免费公用电话,如果连续观看公用电话1分钟的视频,便可免费拨打3分钟的市内电话。在二期工程中,新建了一条长3400米、宽60米的第二跑道,可起降目前世界上最先进的"空中巨无霸"空客A380飞机。

九、昆明长水国际机场T1航站楼——七彩云南,西部门户

昆明长水国际机场(图9-9),全球百强机场之一,是中国面向东南亚、南亚和连接欧亚的继北京、上海和广州之后的第四大国家门户枢纽机场,这也让昆明长水国际机场成为了中国西部地区唯一的国家门户枢纽机场。航站楼单体建筑面积世界第一,机场总建筑面积仅次于北京,上海,香港机场居全国第四,世界第五。其前身是昆明巫家坝国际机场。

图9-9 昆明国际机场T1航站楼外观及内景

T1航站楼位于两条平行跑道之间的航站区用地南端,主要由前端主楼、前端东西两侧指廊、中央指廊、远端东西Y型指廊组成。南北总长度为855.1米,东西宽1134.8米,最高点为南侧屋脊顶点,相对标高72.91米。航站楼建筑占地15.91万米^2,总建筑面积54.83万米^2,航站楼共有七层,为地上三层(局部四层)、地下三层构型,每层分为前中央区、中央指廊、后中央区、东指廊、西指廊、东Y指廊和西Y指廊7个区域。

T1 航站楼建筑由曾经参与过鸟巢、首都国际机场 T3 航站楼设计与工程建设的英国工程顾问公司奥雅纳和北京市建筑设计研究院有限公司设计。建成后,机场总建筑面积超越墨西哥城机场成为世界第五大机场,同时也是国内最大的单体航站楼。新建 3.5 万米^2 的货运站,1.4 万米^2 的航空配餐设施;配套建设供电、供水、供热、供冷、燃气、污水污物处理设施等。

整个航站楼室内装修设计符合机场大流量交通建筑的特点,在吸取国内外机场建设经验的同时,着力表现云南昆明新机场的鲜明建筑特色。提供全方位的服务设施,合理布局,方便旅客。同时,在材料选择上也充分考虑,以适应时间紧、要求高的特定建设条件。装修设计以金色为主体建筑主色调,以灰色为内部地面基本色,让现代元素与云南民族特色相互辉映。两个方案细节上还需完善。航站楼屋顶和地板设计要有利于采光,大厅要宣传云南的著名景点和旅游资源。

机场的代表性建筑结构为航站楼中央大厅里的 7 条形似彩带的钢箱梁,它支撑着航站楼的屋面系统。这七条彩带状的钢箱梁连同 188 根锥形钢管柱、738 根幕墙柱及 12 根 T 形柱组成了昆明长水国际机场航站楼主体钢结构工程,用钢量约 2.9 万吨。7 根彩带寓意象征"七彩云南"。弯扭箱形钢彩带不仅是航站楼重要的装饰构件,而且是屋面网架的结构。

附录 A 最新国内机场三字代码
（截止 2021 年 6 月）

三字代码	地区名称	机场名称	省份	三字代码	地区名称	机场名称	省份
AKA	安康市	五里铺机场	陕西	DYG	张家界市	荷花机场	湖南
AKU	阿克苏市	温宿机场	新疆	ENH	恩施市	许家坪机场	湖北
AQG	安庆市	大龙山机场	安徽	ENY	延安市	二十里铺机场	陕西
AYN	安阳市	安阳机场	河南	FUG	阜阳市	西关机场	安徽
BAV	包头市	二里半机场	内蒙古	FOC	福州市	长乐国际机场	福建
BHY	北海市	福城机场	广西	FYN	富蕴市	可可托海机场	新疆
BPX	昌都市	昌都邦达机场	西藏	GHN	广汉市	广汉机场	四川
BSD	保山市	保山机场	云南	GOQ	格尔木市	格尔木机场	青海
CAN	广州市	白云国际机场	广东	HAK	海口市	美兰国际机场	海南
CGD	常德市	桃花机场	湖南	HEK	黑河市	黑河机场	黑龙江
CGO	郑州市	新郑国际机场	河南	HET	呼和浩特市	白塔国际机场	内蒙古
CGQ	长春市	龙嘉国际机场	吉林	HFE	合肥市	新桥国际机场	安徽
CHG	朝阳市	朝阳机场	辽宁	HGH	杭州市	萧山国际机场	浙江
CHW	酒泉市	酒泉机场	甘肃	HJJ	怀化市	芷江机场	湖南
CIF	赤峰市	玉龙国际机场	内蒙古	HIA	淮安市	涟水机场	江苏
CIH	长治市	王村机场	山西	HLD	海拉尔市	东山机场	内蒙古
CKG	重庆市	江北国际机场	重庆	HLH	乌兰浩特市	乌兰浩特机场	内蒙古
CNI	长海市	大长山岛机场	辽宁	HMI	哈密市	哈密机场	新疆
CSX	长沙市	黄花国际机场	湖南	HNY	衡阳市	衡阳机场	湖南
CTU	成都市	双流国际机场	四川	HRB	哈尔滨市	太平国际机场	黑龙江
CZX	常州市	奔牛机场	江苏	HSN	舟山市	普陀山机场	浙江
DAT	大同市	怀仁机场	山西	HTN	和田市	和田机场	新疆
DAX	达州市	河市机场	四川	HYN	黄岩市	路桥机场	浙江
DDG	丹东市	浪头机场	辽宁	HZG	汉中市	西关机场	陕西
DIG	香格里拉	迪庆机场	云南	INC	银川市	河东国际机场	宁夏
DLC	大连市	周水子国际机场	辽宁	IQM	且末市	且末机场	新疆
DLU	大理市	大理机场	云南	IQN	庆阳市	西峰镇机场	甘肃
DNH	敦煌市	敦煌机场	甘肃	JDZ	景德镇市	罗家机场	江西
DOY	东营市	东营机场	山东	JGN	嘉峪关市	嘉峪关机场	甘肃

附录A　最新国内机场三字代码(截止2021年6月)

（续）

三字代码	地区名称	机场名称	省份	三字代码	地区名称	机场名称	省份
JGS	井冈山市	井冈山机场	江西	NGB	宁波市	栎社国际机场	浙江
JHG	西双版纳市	景洪机场	云南	NKG	南京市	禄口国际机场	江苏
JIL	吉林市	二台子机场	吉林	NNG	南宁市	吴圩国际机场	广西
JIU	九江市	庐山机场	江西	NNY	南阳市	姜营机场	河南
JJN	泉州市	晋江机场	福建	NTG	南通市	兴东机场	江苏
JMU	佳木斯市	东郊机场	黑龙江	PEK	北京市	首都国际机场	北京
JNZ	锦州市	小岭子机场	辽宁	PKX	北京市	大兴国际机场	北京
JUZ	衢州市	衢州机场	浙江	PVG	上海市	浦东国际机场	上海
JZH	九寨沟	黄龙机场	四川	PZI	攀枝花	保安营机场	四川
KCA	库车市	库车机场	新疆	RLK	巴彦淖尔市	天吉泰机场	内蒙古
KHG	喀什市	喀什机场	新疆	SHA	上海市	虹桥国际机场	上海
KHN	南昌市	昌北国际机场	江西	SHE	沈阳市	桃仙国际机场	辽宁
KMG	昆明市	长水国际机场	云南	SHP	山海关市	秦皇岛机场	河北
KOW	赣州市	黄金机场	江西	SHS	荆州市	沙市机场	湖北
KRL	库尔勒市	库尔勒机场	新疆	SJW	石家庄市	正定国际机场	河北
KRY	克拉玛依市	克拉玛依机场	新疆	SWA	汕头市	外砂机场	广东
KWE	贵阳市	龙洞堡国际机场	贵州	SYM	思茅市	思茅机场	云南
KWL	桂林市	两江国际机场	广西	SYX	三亚市	凤凰国际机场	海南
LCX	连城市	连城机场	福建	SZX	深圳市	宝安国际机场	广东
LHW	兰州市	中川国际机场	甘肃	TAO	青岛市	流亭国际机场	山东
LJG	丽江市	丽江机场	云南	TCG	塔城市	塔城机场	新疆
LNJ	临沧市	临沧机场	云南	TEN	铜仁市	铜仁机场	贵州
LUM	潞西市	芒市机场	云南	TFU	成都市	天府国际机场	四川
LXA	拉萨市	贡嘎国际机场	西藏	TGO	通辽市	通辽机场	内蒙古
LYA	洛阳市	北郊机场	河南	TNA	济南市	遥墙国际机场	山东
LYG	连云港市	白塔埠机场	江苏	TNH	通化	通化机场	吉林
LYI	临沂市	临沂机场	山东	TSN	天津市	滨海国际机场	天津
LZH	柳州市	白莲机场	广西	TXN	黄山市	屯溪机场	安徽
LZO	泸州市	蓝田机场	四川	TYN	太原市	武宿国际机场	山西
MDG	牡丹江市	海浪机场	黑龙江	URC	乌鲁木齐市	地窝堡国际机场	新疆
MIG	绵阳市	南郊机场	四川	UYN	榆林市	西沙机场	陕西
MXZ	梅州市	梅县机场	广东	WEF	潍坊市	文登机场	山东
NAO	南充市	高坪机场	四川	WEH	威海市	大水泊机场	山东
NAY	北京市	南苑机场	北京	WNZ	温州市	永强机场	浙江
NDG	齐齐哈尔市	三家子机场	黑龙江	WUA	乌海市	乌海机场	内蒙古

(续)

三字代码	地区名称	机场名称	省份	三字代码	地区名称	机场名称	省份
WUH	武汉市	天河国际机场	湖北	YBP	宜宾市	菜坝机场	四川
WUS	武夷山市	武夷山机场	福建	YNZ	盐城市	盐城机场	江苏
WUX	无锡市	无锡机场	江苏	YIH	宜昌市	三峡机场	湖北
WUZ	梧州市	长州岛机场	广西	YIN	伊宁市	伊宁机场	新疆
WXN	万县市	万县机场	四川	YIW	义乌市	义乌机场	浙江
XFN	襄樊市	刘集机场	湖北	YNJ	延吉市	朝阳川机场	吉林
XIC	西昌市	青山机场	四川	YNT	烟台市	莱山机场	山东
XIL	锡林浩特市	锡林浩特机场	内蒙古	ZAT	昭通市	昭通机场	云南
XIY	西安市	咸阳国际机场	陕西	ZHA	湛江市	湛江机场	广东
XMN	厦门市	高崎国际机场	福建	ZUH	珠海市	三灶机场	广东
XNN	西宁市	曹家堡国际机场	青海	ZYI	遵义市	遵义机场	贵州
XUZ	徐州市	观音机场	江苏				

附录 B 南航 SKYTRAX 四星地面服务标准

<table>
<tr><td colspan="4" align="center">南航 SKYTRAX 四星地面服务标准</td></tr>
<tr><td>岗位</td><td>序号</td><td>项目</td><td>检查标准</td></tr>
<tr><td rowspan="2">基本规范</td><td>1</td><td>工作人员仪容仪表及工作纪律</td><td>①女性妆容淡雅,男性干净整齐;②按当地季节要求,统一着南航工作服,冬季可外套本地区配备的统一御寒衣物;③制服挺括,熨烫平整;④丝巾(根据季节)、领带佩戴规范;⑤皮鞋干净无污迹;⑥佩戴含天合联盟标志的姓名牌和控制区证件;⑦保持良好的工作纪律。</td></tr>
<tr><td>2</td><td>工作人员的热情及态度</td><td>①面带微笑、亲切友善;②向旅客点头致意;③验证登机牌时主动问好,亲切告别;④使用固定扫描设备需双手接拿和递交登机牌;非固定扫描设备可单手接拿和递交登机牌</td></tr>
<tr><td colspan="4">一、登、离机服务</td></tr>
<tr><td rowspan="9">到达</td><td>3</td><td>廊桥对接和敲舱门(以轮档时间,即客舱安全带提示灯熄灭时间为准)</td><td>飞机停稳,廊桥或客梯车在 5 分钟内与舱门对接完毕;接机人员检查对接情况,确保安全后,敲舱门给出开门信号</td></tr>
<tr><td>4</td><td>到达后接机服务</td><td>①1 名服务人员在机口或客梯车下,迎接旅客下机,直至下客结束;②为旅客提供廊桥到达通道指引,或客梯车至摆渡车控制机坪道或摆渡车方向行走;③为需要的旅客提供必要的协助,如为轮椅旅客及时提供轮椅服务</td></tr>
<tr><td>5</td><td>远机位经济舱接机服务</td><td>①车辆提前到位(以最后一位旅客下机时间为准);②服务人员在摆渡车门口指引旅客上车;③第一辆摆渡车坐满后,后续摆渡车及时到位</td></tr>
<tr><td>6</td><td>登机广播</td><td>①登机口发生变更时,及时通过航显及广播形式通知旅客;②登机口使用中英文广播,语速均匀、音质清晰;③登机开始时间,应与广播登机时间保持一致</td></tr>
<tr><td>7</td><td>登机口最长排队时间</td><td>正常情况下排队时间:国内两舱旅客不超过 2 分钟;普通旅客不超过 10 分钟;国际两舱旅客不超过 5 分钟;普通旅客间不超过 15 分钟</td></tr>
<tr><td>8</td><td>优先登机的选择性及分舱登机</td><td>①登机过程中保持高端登机通道处于开放状态;②确保高端旅客根据个人意愿优先登机;③主动邀请老、弱、病、残、孕等特殊旅客优先登机;④登机开始前通过广播、告示牌等通知普通旅客后排先上</td></tr>
<tr><td>9</td><td>巡视人员</td><td>①登机口有专人维持登机秩序;②登机口秩序井然,未出现排队混乱等现象</td></tr>
<tr><td>10</td><td>为远机位旅客登机提供摆渡车</td><td>①车辆提前到位;②服务人员主动指引旅客上车;③第一辆摆渡车坐满后,后续摆渡车及时到位</td></tr>
<tr><td>11</td><td>工作人员的语言能力及结束语</td><td>①交替使用"谢谢"或"旅途愉快"用语;②慢语速,音量适中,声音可覆盖3~5名旅客;③根据目的地及旅客国籍,使用目的国语言与旅客道别;④与登机旅客沟通顺畅、气氛融洽</td></tr>
</table>

(续)

南航SKYTRAX四星地面服务标准			
岗位	序号	项目	检查标准
二、行李			
行李查询柜台	12	停靠廊桥航班行李最长提取时间(以客舱安全带提示灯熄灭时间为准)	第一件行李在航班到达10~15分钟交付,全部行李在50分钟内交付完毕
	13	高端行李优先交付	①所有高端行李须在普通行李之前交付;②行李转盘应摆放高端优先行李和普通行李标识牌;③停靠廊桥的航班的第一件高端行李,在10~15分钟内出现,在20分钟内交付完毕
	14	破损行李的处理	将旅客托运的行李放到转盘上时:①如发现行李破损或开包,须及时处理;②不得将未经处理的破损开包行李直接放到转盘上
	15	巡视人员	①每个行李转盘配备至少1名巡视人员;②在旅客到达转盘后即开始巡视;③维持行李提取处的秩序;④扶正转盘上摆放不稳的行李;⑤协助高端旅客及其他有需要的旅客提拿行李;⑥根据旅客需求提供热情主动帮助,快速、高效处理旅客行李运输问题
	16	行李到达区域服务人员效率	旅客等待时间在2分钟以内
	17	行查柜台人员的服务	①大厅有南航行李到达时,柜台有行查人员提供热情服务;②旅客走近柜台,工作人员站立迎接;③使用服务敬语(如"您好,请问等");④查看旅客证件后主动尊称其姓氏;⑤保持与旅客的目光交流;⑥快速、高效处理旅客行李运输事故;⑦优先为高端旅客处理问题
三、值机			
	18	售票柜台的状况及外观	①柜台整洁干净;②设备清洁完好;③工作用品摆放整齐有序;④柜台内与工作无关的个人物品无外露
	19	高端优先服务	售票人员根据旅客身份,优先为高端旅客办理:①售票、改签等服务;②旅客入会(含卡号合并申请);③会员信息查询;④信息更新修改;⑤航班补登等基础类服务;⑥会员身份认证;⑦里程兑换奖励机票出票;⑧升舱等综合类服务;⑨根据联盟高端旅客休息室准入卡板,为旅客提供休息室准入指引
	20	导乘人员的服务	①有专人维持秩序;②积极巡视;③指引等待的旅客在柜台1米线外等候;④主动为老、弱、病、残、孕等特殊旅客提供协助;⑤柜台秩序井然
	21	最长排队时间	经济舱旅客排队时间10~12分钟;高端旅客排队时间不超过5分钟
	22	对旅客的真诚问候和语言能力	对走近柜台的旅客,工作人员:①站立迎接;②面带微笑;③主动问好;④具有较强的语言表达沟通能力,与外籍旅客顺畅沟通
	23	服务态度和姓氏尊称服务	工作人员查看旅客证件后:①第一次对话即开始尊称旅客姓氏;②称呼清晰准确;③尊称服务贯穿服务全程;④服务过程保持与旅客的眼神交流

附录 B 南航 SKYTRAX 四星地面服务标准

(续)

岗位	序号	项目	检查标准
	24	售票服务和工作效率	国内旅客整个售票过程不超过 4 分钟
	25	服务结束技巧	①态度亲切友善;②站立送客;③双手与旅客唱交票据;④提供必要指引,指引手势标准;⑤使用结束语"祝您旅途愉快"
	26	排队秩序维护	①使用统一的隔离带;②导向牌;③建立 S 形或直形的旅客排队系统;④保持 1 名导乘人员不断巡视;⑤导乘人员积极主动维持排队秩序;⑥柜台排队秩序井然
	27	导乘人员服务	排队系统入口处人员负责:①回答旅客提问;②指引旅客到正确的柜台区域排队等候;③排队系统等候口人员负责及时指引旅客到空闲柜台办理手续;④主动协助老、弱、病、残、孕、幼等特殊旅客提拿需托运的行李;⑤将旅客不用的小推车推离柜台,排队区域巡视人员须积极巡视;⑥提醒旅客摘除旧的行李牌;⑦锁好需要托运的行李;⑧必要时,为旅客提供塑料锁扣
	28	乘机手续最长排队时间(不含团体旅客柜台)	排队时间 10～12 分钟
	29	值机人员对旅客的真诚问候	值机人员对走近柜台的旅客:①站立迎接;②十步微笑;③五步问候(或在持续办理乘机手续时,要求面带微笑,主动问好);④主动了解旅客需求
	30	尊称旅客姓氏	工作人员查看旅客证件后:①第一次对话即开始尊称旅客姓氏;②称呼清晰准确;③尊称服务贯穿服务全程;④服务过程保持与旅客的眼神交流
	31	查验证件	快速查验,正常情况下:①身份证件 8 秒以内,护照 30 秒以内;②遇到问题快速处理;③同时向旅客解释
	32	收运行李	手提行李:①检查手提行李尺寸、重量是否超限;②主动提示旅客随身携带物品的规定(如携带液态物品的限量、打火机不能随身携带等规定);③托运行李时主动提示旅客参阅交运行李安全提示(中英文);④为行李拴挂行李条(含中转/优先/地址/易碎等)
	33	告知旅客座位安排、登机口和登机时间	①热情主动询问旅客座位喜好;②交还登机牌时应起立;③将登机牌正面朝向旅客;④边圈划登机口、登机时间、座位号信息,边主动告知旅客以示提醒;⑤双手奉还旅客行李牌;⑥与旅客唱交行李牌,告知行李件数与目的地等信息;⑦为中转旅客办理一票到底时,应将适用的中转站服务指南封套(或地图)与下段登机牌一起发放
	34	服务结束技巧	①值机人员站立送客;②微笑道别;③提供必要的方位指引;④使用结束语"祝您旅途愉快"
	35	工作人员的语言能力	具有优秀的语言表达能力,与外籍旅客沟通良好
	36	航班延误时的协助	①主动查询延误原因,及时向旅客公布;②耐心向旅客做好延误解释工作;③及时为希望改签航班的旅客提供签转协助

(续)

南航 SKYTRAX 四星地面服务标准			
岗位	序号	项目	检查标准
四、高端			
	37	高端导乘人员	①站立迎接;②面带微笑;③主动问好,礼貌提醒旅客摘除旧的行李牌,锁好需托运的行李;④必要时为旅客提供塑料锁扣;⑤维持柜台秩序,指引旅客在不影响前一位旅客办理手续范围内等候
	38	高端旅客排队秩序	①有导乘人员维持柜台秩序;②柜台秩序井然;③旅客排队等候时间不超过 3 分钟;④如有条件,可在旅客较多时增开柜台
	39	高端值机工作人员对旅客的真诚问候	值机人员对走近柜台的旅客:①站立迎接;②十步微笑;③五步问候(或在持续办理乘机手续时,要求面带微笑,主动问候);④主动了解旅客需求;⑤办理乘机手续过程中不与其他员工交谈,以示对旅客的尊重
	40	尊称旅客姓氏	工作人员查看旅客证件后:①第一次对话即开始尊称旅客姓氏;②称呼清晰准确;③尊称服务贯穿服务全程;④服务过程保持与旅客的眼神交流
	41	查验证件	快速查验,正常情况下:①身份证件 8 秒以内,护照 30 秒以内;②遇到问题快速处理;③同时向旅客解释
	42	收运行李	手提行李:①检查手提行李尺寸、重量是否超限;②主动提示旅客随身携带物品的规定(如携带液态物品的限量、打火机不能随身携带等规定);③托运行李时主动提示旅客参阅交运行李安全提示(中英文);④拴挂统一的联盟优先行李牌;⑤根据旅客类别,拴挂统一的中转或 VIP 行李牌
	43	告知旅客座位安排、登机口和登机时间	①热情主动询问旅客座位喜好;②交还登机牌时应起立;③将登机牌正面朝向旅客;④边圈划登机口、登机时间、座位号信息,边主动告知旅客以示提醒;⑤双手奉还旅客行李牌;⑥与旅客唱交行李牌,告知行李件数与目的地等信息;⑦如旅客为中转旅客,办理一票到底时,适用的中转站服务指南封套或地图应该与下段登机牌一起发放
	44	服务结束技巧	①值机人员站立送客;②微笑道别;③熟练掌握高端休息室的准入制度,为高端旅客提供准入条件介绍;④主动有需要的旅客提供休息室位置指引;⑤使用结束语,国内旅客可使用"旅途愉快"等结束语;国外旅客可使用"(have a) nice trip""(wish you) pleasant journey"等结束语
	45	语言能力	有优秀的语言表达能力,与外籍旅客沟通良好
两舱休息室	46	欢迎服务	①门岗工作人员面带微笑,恭候旅客的到来;②双手交叉垂直放于身前;③双腿并拢成丁步;④向走近休息室门口的旅客问好;⑤迎接符合准入条件的旅客进入休息室;⑥将两舱旅客引导至接待台

附录B 南航SKYTRAX四星地面服务标准

（续）

岗位	序号	项目	检查标准
两舱休息室	47	接待台服务	①接待台摆放糖果碟、花饰；②适当数量的推广资料，包括但不限于常旅客申请表、中转指南、产品推广折页；③询问旅客是否曾经使用过此休息室；④向第一次使用休息室的旅客提供洗手间、自助餐、吸烟室、躺椅位置、无线上网等指引；⑤为旅客提供行李妥善、安全的行李看管服务；⑥航班是否延误及登机时间确认
	48	服务态度和行为举止	①面对旅客时，应时刻保持微笑；②使用敬语；③尊称姓氏；④服务时与旅客保持1米左右距离；⑤说话与动作应和谐统一；⑥与旅客有眼神交流；⑦服务人员说话轻、动作轻、走路轻，不谈论与工作无关的话题；⑧柜台对讲机、电话声音要小
	49	互动和沟通能力	与旅客有互动，具有良好的沟通技巧，如有外籍旅客，需使用外语顺畅沟通
	50	巡视和服务	为有需要的旅客提供：①拿取食品饮料协助；②商务设备使用协助；③洗手间方位的指引；④记录便签和铅笔；⑤旅客离开休息室后30秒内对其座位区域进行清理，检查有无旅客遗留物品
	51	休息室安静氛围的维护	①提示"公共场合请保持安静(中英文)"；②在非吸烟区提示"请勿吸烟(中英文)"；③提示以标牌形式要求美观统一，与环境协调，提示以登机提示系统显示形式要求走字速度适中、循环播放；④电视等娱乐设备声音适中，不影响需休息区需安静休息的旅客；⑤对有不文明行为、大声交谈或大声使用手机通话的旅客礼貌提醒
	52	休息室整洁的维护	①休息室设施设备、服务用品、食品饮料等物品整洁美观和摆放有序；②服务人员随时清理旅客座位区域的杂物；③关注旅客行李物品有无影响其他旅客或堵塞通道；④清洁或移动旅客行李时，服务人员主动征询旅客意见；⑤旅客取用食物后(容器内剩余小于30%)，及时整理和添加
	53	登机提醒	①采用对其他旅客影响较小的方式提示旅客登机；②对于两舱旅客提供一对一的单独提醒服务
	54	为远机位旅客登机和下机提供贵宾车	为有两舱旅客的远机位航班提供贵宾车接送服务：①车辆提前到位(以第一位旅客为准)；②车辆外观干净、LOGO醒目；③车内安静、整洁、舒适；④服务人员在车门口热情引导旅客上车；⑤旅客到达时，需全程陪同直至到达厅入口；⑥旅客出发时，需全程陪同直至远机位，并提前下车为旅客提供指引

185

参 考 文 献

[1] 李永,朱天柱.民航机场地面服务概论.北京:中国民航出版社,2006.
[2] 黄建伟.民航地勤服务.旅游教育出版社,2007.
[3] www.carnoc.com.
[4] www.csair.com.
[5] www.xiagc.com.cn.